초보자도 공짜

블로그

마케팅

초보자도 공짜

블로그

마케팅

인터넷쇼핑몰 만들기부터 돈 버는 **블로그 마케팅**까지

인터넷쇼핑몰 만들기부터 돈 버는 **블로그 마케팅까지**

초판 인쇄 2023년 10월 08일
초판 발행 2023년 10월 15일

지은이 이영호
펴낸이 김태헌
펴낸곳 스타파이브

주소 경기도 고양시 일산서구 대산로 53
출판등록 2021년 3월 11일 제2021-000062호
전화 031-911-3416
팩스 031-911-3417

BLOGMARKETING

초보자도 공짜

블로그

마케팅

글·이영호

무료

인터넷쇼핑몰 만들기부터 돈 버는
블로그 마케팅까지

블로그 마케팅과
쇼핑몰 만들기까지
한 권으로

블로그 분야는 레드오션 중의 레드오션이다. 초창기 블로거들은 daum의 블로거뉴스현재의 view를 비롯하여 티스토리의 개방형 블로그까지 주로 블로거 입장에서 만들어진 블로그 서비스의 혜택을 누렸지만 어느 순간부터 블로거들은 각 업체에서 내놓는 수익모델에 따라 종속적인 활동을 하기 시작했다.

가령, 구글의 애드센스와 같은 블로그의 광고 수익 모델은 좋은 정보를 만드는 블로거의 활동으로 생긴 수익을 블로거에게 환원한다는 게 장점이었는데, 어느 순간 블로거들이 광고주를 고려하며 보다 많은 정보 노출을 통한 광고수익에 몰두하게 되면서 해당 업체의 방향성에 맞는 콘텐츠를 양산하기 시작했다는 문제가 생겼다.

다시 말하자면, 온라인 1인 미디어로써 블로거의 자유로운 의사 표현에서 벗어나 실시간 단위로 드러나는 광고 클릭과 그에 따른 수익에 영향을 받는 블로거들로 변모할 수 있다는 뜻이다.

실례로, 국내 블로그 서비스들은 형태는 다르지만 내용은 공통되는 블로거

수익 지급 형태의 블로그 관리를 하고 있는데, 관리(?) 받기 시작한 블로거들은 광고 클릭을 더 많이 유도할 수 있는 콘텐츠를 양산하기 위해 고민을 시작한 것이다. 물론, 각 사이트에서는 홍보성 콘텐츠를 양산하는 블로그를 상시 점검하여 제재 조치를 강구하기도 하지만 수익의 단맛을 알기 시작한 블로거들은 어느새 사이트의 점검조치를 피해가는 방안까지 내놓고 다른 블로거들과 공유하는 중이다.

정리하자면, 불과 수년 전만 해도 다양한 블로거들의 자유로운 정보 업로드로 성장되는 온라인 검색시장의 패권을 쥐기 위해 각 업체들의 블로거 후원 경쟁이 이뤄졌다면, 현재 시점의 블로그 서비스업체들은 블로거에게 수익 모델을 제시하며 사이트의 수익까지 늘리려는, 상업적인 면에 집중하는 투자 대비 수익 전환시점에 들어왔다는 것이다.

자, 그럼 블로그는 앞으로 어떻게 바뀔까? 블로그의 활용방향에 대해 알아보자.

(1) 인터넷쇼핑몰 마케팅 수단의 다양화

블로그를 통해 포털사이트에서 쇼핑몰 홍보를 하던 쇼핑몰 운영자들이 방향을 바꾸기 시작한다. 블로그에 패션정보, 스타일 정보, 해외 트렌드 등의 정보를 올리면서 자신이 운영하는 쇼핑몰로 링크를 걸어주던 방식에서 벗어나 블로그 그 자체에 매력이 반감될 것이다.

1인 미디어에서 벗어나 사업자 표시까지 해야 하는 블로그를 운영하기보다는 인터넷쇼핑몰을 실시간으로 직접적으로 홍보할 수 있는 트위터, 페이스북, 카카오톡 등의 미니블로그 서비스로 옮겨갈 것이다.

초창기 블로그는 쇼핑몰 운영자들이 활용할 수 있는 가장 매력적인 무료 홍보 수단이었다. 국내 인터넷 이용자들이 많은, daum과 네이버에서 블로그를 만들고 다양한 정보를 만들어 올리면 인터넷 검색을 통해 블로그 방문자가 늘어났고, 이들을 쇼핑몰로 유도하는 링크를 넣어줬는데, 이제 사람들은 컴퓨터 앞에 앉아서 블로그를 방문하기보다는 스마트폰을 들고 다니며 거리에서, 커피숍에서 실시간으로 정보를 찾고 이동한다. 사람들은 정보의 양이 아니라 그들이 원하는 정보의 내용이 가장 짧게, 가장 빠르게 제공되길 원한다는 뜻이다. 각자의 손바닥 안에서 궁금한 정보를 입력하고 바로 찾아낼 수 있는 기능을 원하며, 트위터와 페이스북, 인스타그램, 유튜브 등을 통해 다른 사람들과 직접 소통을 거쳐 정보를 얻기 시작했다.

(2) 컴퓨터 IT 정보를 다루는 블로그

컴퓨터 사용자들이 늘어나면서 주로 바이러스 해결법, 컴퓨터 고장 조치법, 스마트 기기 사용법 등에 대한 정보를 찾는 사람들이 늘어난다. 사람들은 정보의 양이 중요하지 않으며, 자신에게 필요한 정보와 그 정보를 얻기까지 소요되는 시간을 따진다.

예를 들어, 맛집을 찾기 위해 컴퓨터 앞에 앉아서 오랜 시간 블로그를 뒤지지 않는다. 친구랑 만나서 커피를 마시다가 스마트폰을 꺼내 들고 주위 맛집을 검색하거나 증강현실로 주변 음식점을 비춰본다.

(3) 블로그에 대한 신뢰

블로그 내용에 대한 신뢰가 깨졌다. TV와 각종 매체를 통해 파워 블로거들의 억대 수입 기사를 보고난 후 사람들은 더 이상 블로그를 믿지 않는다. 그 훨씬 오래 전부터 지식검색을 통해 정보를 배우던 사람들은 지식검색 내용에 장난기만 가득하게 되자 블로그를 선택했던 것인데, 블로거들이 자기 수익을 몰래 축적했다는 사실을 알고 더 이상 현혹되지 않는다.

블로그를 방문하는 사람들도 그 블로거가 추천하는 제품은 사지 않는 대신 자신에게 필요한 정보는 계속 섭취한다. 블로그를 이용하는 사람들 마음에 블로그 내용에 대한 신뢰가 사라지게 되었고, 블로거를 믿지 않는다는 공감이 생긴 것이다. 자기가 그동안 속았던 것에 대해 미련두지 않고 블로거를 떠나지 않는 대신 블로거의 말에 귀 기울이지 않으면서 자기 판단하에 정보를 얻는 시대가 된 것이다.

(4) 팟캐스트, 페이스북, 트위터의 변화

트위터를 통해 모르는 사람과 온라인에서 친구가 되고, 아는 친구들과 다시 만나 친분을 유지하는 페이스북, [나는 꼼수다]를 통해 팟캐스트라는 1인 방송을 즐겨듣게 된 사람들은 기존의 신문과 방송에 현혹되지 않는다. 블로그도 마찬가지다. 오히려 트위터에서 오르내리는 주제에 대해 영향을 받고, 추가 정보를 찾아보며 자신의 페이스북에 남긴다. 팟캐스트에서 인기를 얻는 내용을 다시 찾아보고 검색하고 정보를 갈무리한다.

다시 말하면, 유튜브, 텔레그램, 카카오톡, 팟캐스트, 트위터, 페이스북과 같은 1인 미디어와 블로그는 개개인의 정보 판단 분석도구가 되어 버렸다. 어느 매체 나 사람도 영향력을 담보할 수 없게 되었고, 온라인에서 검증받고 온라인에서 평가받는 세상이 된 것이다. 온라인에서 살아남아야 오프라인에서 살아남는 시대가 되었다. 온라인에서 인지도를 얻고 인기를 끌어야 오프라인에서 수요가 생긴다.

정리해 보자.
블로그는 없어지지 않는 대신 트위터, 페이스북, 핀터레스트 등처럼 크기가 작아진 미니블로그 형태이거나 이미지를 매개로 하는 댓글 소통으로 세분화된다. 많은 정보를 담는 대신 실시간 뉴스 정보로 사람들의 주목을 끌어야 블로그 방문자가 늘어나며, 텍스트 형태의 정보와 별개로 이미지를 매개로 하는 댓글 소통 문화가 새롭게 등장하는 중이다.

이어서 스마트폰과 태블릿PC를 통해 영화, 드라마를 감상하고, 유튜브 또는 팟캐스트와 같은 개인 인터넷방송을 다운로드 받아서 자신이 편리한 시간에 감상하게 되었다. 시간의 제약이 없어지고, 장소의 한계가 없어졌다는 것과 같다.

TV 시청률을 예로 들어보자. 같은 시간대에 방송되는 드라마나 방송프로그램 시청률을 모두 더해도 100%가 안 된다. 기껏 해서 10%, 10%, 20% 정도가 대부분이다. 예전처럼 50%가 넘는 최고 인기의 방송 프로그램은 더 이상 출현하기 어렵다.

TV 시청률의 예는 블로그를 필두로 하는 온라인 공간에도 적용된다. 사람들은 스마트 기기로 드라마를 시청하고, 뉴스를 보며 책을 본다. TV 앞에 앉아서 가족들과 대화하며 TV를 보는 가정은 극히 드물다. 밖에서 이동하거나 일을 하거나 친구들과 어울리는 사람들이 대부분이다.

결론적으로 말하자면, 사람들의 감각생활은 온라인에 집중하되 활동생활은 오프라인에 종속되어 있다. 머리와 몸이 따로 생활하는 시대에서, 손에는 스마트 기기를 들고 몸은 직장이나 거리, 어느 상점에서 즐기는 이중 세상이다. 그래서 앞으로도 인기를 유지하는 블로그는 사람들의 감각생활을 주도하되 활동생활 장소를 알리는 블로그들이 될 것이다.

영화 블로그가 온라인에서 영화 정보를 소개하고, 오프라인 극장으로 사람들을 불러 모으는 것과 같다. 맛집 정보가 온라인에서 메뉴 정보를 홍보하고 오프라인 식당으로 사람들을 불러 모으는 역할을 담당한다. 온라인 쇼핑몰들은 블로그를 통해 온라인에서 정보를 전달하고 상품을 판매하며, 사람들이 살아가는 오프라인에서 만족감을 얻게 해준다.

온라인 사용 환경이 좋아질수록 사람들은 더욱더 현명한 생활을 하게 된다. 행동하기 전에 정보를 분석하고 따지는 경우가 많아진다는 뜻이다.

본 도서 [초보자도 공짜 블로그 마케팅]은 스마트 기기를 활용하는 사람들의 생활패턴에 맞춰 블로그 방문자를 늘리는 방법에 대해 소개한다. 모바일 시대엔 블로그 인지도보다는 블로그 방문자, 블로그 정보 활용도를 높이는 전략을 세워야 한다.

블로거가 파워블로거가 되어 온라인에서 인기를 얻는 게 아니라 블로그가 파워블로그가 되어 즐겨찾기로 추가되고, RSS로 구독자 수를 늘리며, 팟캐스트를 병행함으로써 트위터와 페이스북에서 더욱 많이 소개되도록 해야 한다. 많은 방문자 수를 갖기 위해 애쓰는 게 아니라 내가 올린 정보를 찾는 단 한 명을 위해 블로그를 만들고 운영해야 한다. 나머지는 내 정보에 감동받은 사람 몫으로 남겨둬야 한다. 스마트 기기를 사용하는 사람들은 누구나 '정보 찾기'에 목마르다. 그리고 자신의 트위터 팔로워FOLLOWER와 페이스북 친구들에게 뭔가를 전달해야 한다는 강박관념도 갖는다. 사람들이 잘 모르는 정보를 찾으면 친구들에게 소개하기에 바쁘다. 링크를 달아주고, 캡처해주고 찾아 읽으라고 통보해주는 역할을 담당한다. 그것도 기쁘게, 자신 스스로 만족하 며 행동한다.

예전엔 블로그 운영자가 스스로 내용을 작성하면서 트랙백 달고, 링크를 걸었다. 특정 뉴스나 정보에 대해 자료 조사를 하고 이미지나 동영상 콘텐츠를 첨부하여 적지 않은 분량의 콘텐츠를 가공했다. 그 이후 해당 정보의 품질은 포털 사이트 담당자들에게 검토되었으며 검색결과 페이지 노출 순서가 지정되었다. 포털 사이트에서 정보를 검색하는 사람들이 해당 링크를 타고 블로그로 들어왔다. 이게 예전 방식이다.

이제부터 블로그 운영자는 방문자 1인이 찾는 지엽적 정보, 다시 말해서 대중적이지 않은 틈새정보를 찾아서 블로그나 트위터, 페이스북에 한 번 올려두기만 하면 된다.

블로그 담당자나 사이트 담당자가 검토하는 과정은 크게 중요하지 않다. 블로거가 올린 정보의 유통과정 나머지는 트위터와 페이스북의 프로그램들이 알아서 전달해주며, 해당 사용자들이 다시 다른 이들에게 전달해준다.

공산품의 유통에서 생산자와 소비자가 직접 만나도록 해준 게 온라인쇼핑몰이었다면 정보의 유통에서 생산자와 소비자가 직접 만나도록 해주는 건 인스타그램, 트위터, 페이스북 같은 SNS서비스이며, 정보의 형태는 스마트기기 사용자의 증가로 인해 유튜브 또는 팟캐스트처럼 동영상, 오디오 는 물론 여러 형태로 분산되었다고 보는 것이다.

무료 인터넷쇼핑몰 만들기부터 돈 버는 블로그 마케팅까지
[초보자도 공짜 블로그 마케팅] 활용법

STEP 1. 공짜 인터넷쇼핑몰을 만든다.

STEP 2. 페이스북, 트위터 계정을 만든다.

STEP 3. 상품 사진, 이벤트 정보 등을 SNS에 올리고 쇼핑몰과 연결한다!

STEP 4. 페이스북에서 핀터레스트 계정을 만들고 감성댓글 마케팅에 나
        선다.

STEP 5. 팟캐스트 영상을 만들고 SNS에서 홍보한다.

블로그를 만들고 어떻게 해야 하는지 걱정되는가? 포털사이트에서 검색 결과에 노출해주길 바라고 있거나 특정 분야 카테고리에 넣어주길 기다릴 필요가 없다. 많은 사람들이 궁금해할 정보를 찾아서 헤매지 말고, 내가 궁금하고 내가 알고 싶은 정보를 찾아 배우면서 블로그에 올려두자. 그리고 트위터와 페이스북을 통해 내 친구들에게 알려주면 내가 할 일은 끝난다. 나머지는 다른 친구들이 스스로 움직여줄 것이다.

만약, 그들이 움직이지 않는다면 내가 올린 정보는 다른 이들에게 유용한 것이 아니며, 다른 이들이 찾거나 필요로 하던 내용이 아니란 뜻이 된다. 하지만 실망할 필요는 없다. 최소한 1인, 그러니까 나 스스로 궁금하던 정보를 알게 되었으니 된 것이다.

새롭게 바뀐 블로그 시대, 초보자도 돈 버는 블로그를 만들 수 있도록 내용을 구성했다. 컴퓨터에서 스마트 기기로 정보의 유통 경계가 사라진 요즘, 블로그를 만드는 독자들에게 본 도서가 작은 도움이 되기를 바라본다.

차례 Contents

PART 01
내 손안의 인터넷쇼핑몰 무료로 만들기
30분 만에 끝내는 쇼핑몰 만들기

인터넷쇼핑몰? 음, 나도 만들까? 좀 급해?
그럼, 속성코스부터 먼저 해! 32

차례 Contents

차례 Contents

PART **02**
내 손안의 인터넷쇼핑몰 무료 홍보하기
인지도 UP! SNS 활용하기

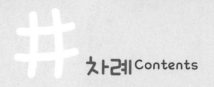

차례 Contents

PART 05

가치 UP!
인터넷쇼핑몰 상품, 스타 협찬

PART 01

30분 만에 끝내는 쇼핑몰 만들기

불경기일수록 창업에 뛰어드는 사람들이 많은데, 인터넷쇼핑몰부터 시작하는 사람들이 그중 대다수를 차지한다. 인터넷에 만드는 가게란 뜻의 '온라인쇼핑몰'인 인터넷쇼핑몰은 컴퓨터 한 대로 누구나 창업할 수 있다는 게 장점이다. 더구나 극심한 취업난에 글로벌 불경기가 아직도 진행 중인 상황에서 인터넷쇼핑몰 창업 열기는 쉽게 식을 줄 모른다.

그러나 창업자의 90% 이상은 쇼핑몰을 만든 후 홍보가 가장 큰 문제라고 지적하는 데 대해 본 도서에서는 블로그와 SNS를 활용하는 무료 홍보방법을 제안하는 바이다. 지금부터 인터넷쇼핑몰을 무료로 만들고 SNS로 무료로 홍보하는 방법까지 알아보도록 하자.

거리 곳곳의 오프라인 가게의 경우, 임대보증금에 매월 임대료뿐 아니라 월 운영비까지 그 비용이 크다. 게다가 상인들 간에 권리금도 있어서 인기 높은 지역일 경우 임대보증금을 훨씬 초과하는 큰돈이 필요하기도 하다. 따라서 여러모로 생각해볼 때, 식당이나 프랜차이즈 가게보다는 인터넷쇼핑몰이 유리하다. 잘 되는 쇼핑몰을 인수받는 경우를 제하고, 새로 창업할 경우엔 권리금도 없고 창업자 혼자 1인이 운영할 수 있어서 직원 고용에 따른 급여비용과 각종 세금 걱정도 없으며, 자신이 거주하는 집을 사업장으로 하여 운영 가능하기 때문이다.

인터넷쇼핑몰은 뭘까?

인터넷에 차리는 '가게'라고는 하는데, 인터넷쇼핑몰이란 아이템의 정의에 대해 정확히 모르는 사람들이 많다. 어떤 사람들은 '쇼핑은 백화점에서 하는 거야, 어떻게 컴퓨터에서 하니?'고 묻는 경우도 있다. 주로 40대 이상의 연령층에게서 들을 수 있는 말로 자기가 살 물건을 눈으로 보고 사야지, 어떻게 사진만 보고 돈을 쓸 수 있느냐는 뜻이다.

이 책 독자들 중에도 분명 그런 분들이 많다. 따라서 인터넷쇼핑몰을 처음 시작하는 사람이나 인터넷 쇼핑에 익숙하지 않은 사람들을 위해 인터넷쇼핑몰에 대해 소개하기로 한다.

인터넷쇼핑몰은 어떤 곳일까?

앞으로 또 어떤 종류의 온라인쇼핑몰이 출현할지 예단하기 어렵지만, 현재의 인터넷쇼핑몰은 오픈마켓, 종합쇼핑몰, 개인쇼핑몰 등으로 구분한다. '오픈마켓'이란 글자 그대로 OPEN MARKET이란 뜻으로 누구에게나 열린 시장이란 뜻이다.

국내에는 지마켓www.gmarket.co.kr, 옥션www.auction.co.kr, 11번가www.11st.co.kr 등이
있다.

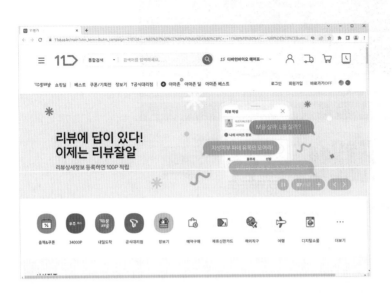

www.11st.co.kr

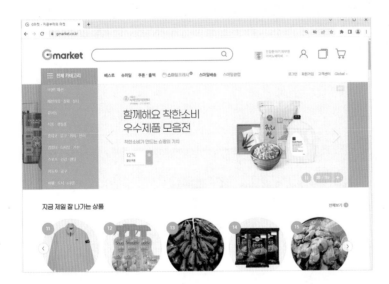

www.gmarket.co.kr

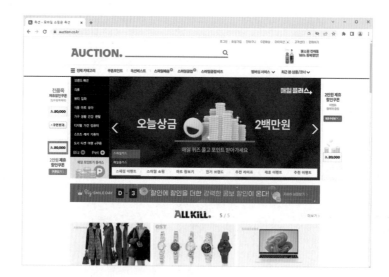

www.auction.co.kr

오픈마켓에서 상품 판매자가 되기란 누구나 가능하다. 단, 오프라인에 가게를 소유한 사업자일지라도 온라인 상품판매를 위한 통신사업자신고를 통해 관할 구청에 등록되어야 한다.

'종합쇼핑몰'은 판매자들을 입점방식으로 받아서 사이트를 운영하는 쇼핑몰을 말한다. 설명하자면 '백화점'에 비교되는데, 판매자들이 입점계약을 한 후 상품을 종합쇼핑몰에서 판매하는 방식이다.

www.lotteon.com

개인이 만들고 직접 운영하는 쇼핑몰은 개인쇼핑몰이라고 부른다. 대다수의 경우, 동대문시장 등지에서 도매 상품을 가져와서 자신의 쇼핑몰에서 소매가격으로 판매하는 방식이다. 중국 및 일본 등, 해외 소비자들을 위한 외국어쇼핑몰을 만들어 운영하는 사람들도 늘어나는 추세이다.

필자가 만들어본 쇼핑몰의 형태 例

이와 같이 다양한 인터넷쇼핑몰들은 매출 규모 수조 원대의 시장을 형성한다. 1995년 이후 본격적으로 활성화되기 시작한 국내 인터넷쇼핑몰 시장이 더욱 커지는 상황이다.

인터넷쇼핑몰 전망은?

결론부터 말하자면, 인터넷쇼핑몰의 미래 시장 규모와 전망은 밝다. 소비 방식이 온라인에서 이뤄지는 추세인 점도 감안해야 하고, 2010년대부터 스마트폰, 태블릿PC, 스마트TV 등과 같은 인터넷모바일 시장까지 형성되었기 때문이다. 컴퓨터를 사용해서 보는 인터넷에서, 실시간으로 스마트 기기를 통해 손 안에서 정보를 검색하고 쇼핑을 하는 생활을 거리에서 움직이면서 하고 있기 때문이다. '움직이며 경험하는 컴퓨터 생활을 말하자면 그게 바로 '모바일 인터넷'이다.

인터넷쇼핑몰은 시작과 마감이 정해진 게 아니라 하루 24시간 언제든 쇼핑이 가능한 영업구조로 바뀌는 상황이다. 컴퓨터로, 스마트폰이나 태블릿PC로, TV를 보다가도 쇼핑할 수 있는 스마트TV까지 준비된 시대란 뜻이다.

인터넷쇼핑몰 어려운 건 아닐까?

인터넷쇼핑몰은 누구나 가능하다. 사무실이나 상품 창고가 필요한 것도 아니다. 인터넷쇼핑몰은 집을 사업장으로 사업자등록증을 만들고, 사업 초기 상품자금이 부족할 경우라면 상품 이미지를 제공해주고 물품 배송, 소비자상담까지 지원하는 대행회사들을 이용하면 된다. 인터넷쇼핑몰만 만들어도 상품 제공, 상품 이미지 제공, 상품 배송, 소비자상담, 세무대행업무까지 제공해주는 업체들이 많다.

컴퓨터 모르는 사람도 가능할까?

컴퓨터를 잘 모르는 사람이라도 따라만 하면 누구나 인터넷쇼핑몰을 만들 수 있는 방법을 소개한다. 사업자등록증, 통신사업자등록증부터 인터넷쇼핑몰을 만들고 운영하는 방법까지 알 수 있다. 아직도 컴퓨터 사용이 어렵고 부담되는가? 그렇다면 [속성코스] 단락만 먼저 읽어보면서 따라 해보자. 약 30분도 채 안 되어 나만의 쇼핑몰이 만들어질 것이다.

모바일쇼핑? 인터넷쇼핑몰 운영 어떻게?

모바일쇼핑의 시작인 '휴대폰을 이용한 쇼핑'은 오래전에 시작되었다. 처음 등장한 모바일쇼핑은 소비자의 관심을 받지 못하고 쇠퇴했지만, 스마트폰으로 이어지는 환경의 변화에서 소비자들은 소비패턴을 바꾸게 될 것이고, 인터넷쇼핑몰 사업은 더욱 성장할 것이다.

이제부터 인터넷쇼핑몰을 만드는 쉬운 방법을 소개한다. 카페24 사이트를 통해서, 나 혼자만 30분만에 만들 수 있는 인터넷쇼핑몰이다. 카페24(www.cafe24.com)에서 인터넷쇼핑몰을 만드는 것부터 상품을 올리는 방법, 상품 판매방법 등 까지 알아본다. 단, 이 책은 초보자를 위한 쇼핑몰 만들기 및 블로그마 케팅 방법을 설명하고 있는 까닭에 가장 기본적인 형태의 쇼핑몰 구성과 블로그를 위주로 하는 쇼핑몰 홍보마케팅 방법을 설명한다는 점을 다시 한 번 더 밝혀둔다. 왜냐하면 초보자들로서는 '시작' 그 자체가 두려운 것이기 때문이다. 일단 시작하고 자신감이 붙으면 쇼핑몰을 구성하고 꾸미고 발전시킬 수 있게 된다. 마케팅도 크게 다르지 않다. 기초적인 블로그 마케팅 방법부터 익숙하게 되고나서 중급, 고급 스킬로 나아갈 수 있다고 보기 때문이다.

아무쪼록 본 도서가 돈 버는 블로그를 다루는 데 있어서, 블로그에 사업자 표시를 해야하는 것처럼 쇼핑몰과 블로그가 구분이 없어지는 추세에 따라 인터넷쇼핑몰을 손쉽게 만들고 운영하는 법에 대해 소개한다. 블로그만 만들고 인터넷쇼핑몰을 시작하지 않은 온라인 예비창업자뿐만 아니라, 전국의 모든 온라인 초보 상인들에게 도움이 되기를 바라는 마음이다.

인터넷쇼핑몰? 음, 나도 만들까?
좀 급해? 그럼, 속성코스부터 먼저 해!

온라인에서 상품을 사고파는 인터넷장사, 인터넷쇼핑몰을 시작해보자. 본 내용에서는 카페24www.cafe24.com에서 만드는 인터넷 쇼핑몰에 대해 알아본다. 그 이유는 카페24에서 운영하는 회원 수가 많으며 이미 지난 2008년 8월과 11월에 필리핀과 중국에 각각 해외지사를 설립하여 인터넷쇼핑몰 사업자들이 장기적으로 해외에 진출하는 데 일조할 수 있는 기반을 갖추고 있기 때문 이다.

카페24 **[회원가입]**을 선택하여 가입한다.

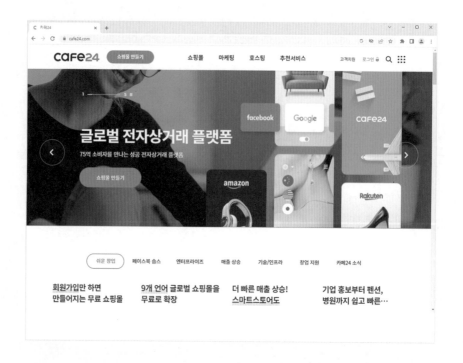

A. 회원가입

회원가입부터 시작하자.

회원가입 유형을 고르자. 어떤 회원으로 가입하는지 그 유형에 따라 가입하는 절차가 다르게 진행된다. 회원 가입은 '일반회원'으로 만14세 이상 개인, '개인사업자'로 개인이 운영하는 사업체인 경우, '법인회원'으로 주식회사나 공공기관 등처럼 법인·기관/단체에 해당하는 경우, '어린이/청소년'으로 만 14세 미만 개인에 해당되며, 'Foreigner(외국인)'일 경우 'Please register here'라고 쓰인 곳을 클릭하자.

이 단락에서는 일반회원을 선택.

약관동의 단계가 진행된다. 카페24 이용약관 및 개인정보 수집 및 이용에 관한 안내를 읽고 동의한다.

그 다음엔 회원인증 단계다. 휴대폰 혹은 아이핀(I-PIN) 방식을 선택해서 본인 인증을 하자. 휴대폰 인증과 아이핀 인증은 방송통신위원회에서 주관하는 주민번호 대체 수단이다. 웹사이트에서 본인의 주민번호를 입력하지 않고 해당 사이트에 회원가입할 수 있는 서비스이다. 휴대폰 인증은 가입하시는 사람의 휴대폰 번호로만 회원 인증이 가능하고 아이핀 인증은 가입하시는 사람의 아이핀(I-PIN)으로 인증이 가능하다.

다만, 필자는 아이핀 방식 대신 휴대폰으로 가입하고자 한다. 순전히 개인적인 생각이지만 아이핀 인증은 별도로 아이핀 회원가입도 해야해서 번거롭기도 하다.

휴대폰 인증을 누른다. 본인인증을 거쳐 회원가입을 완료한다.

B. 쇼핑몰 만들기

1. 회원가입

카페24에 회원가입을 하고 '쇼핑몰 만들기'를 위해 회원가입을 한다.

본인 정보를 입력하고 휴대폰으로 인증까지 마치면 드디어 쇼핑몰 ID를 만드는 단계다.

2. 쇼핑몰 만들기

쇼핑몰 브랜드 이름, 알림 이메일주소를 입력하고 [다음]으로 넘어가자.

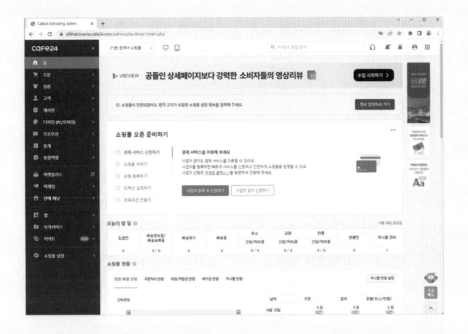

짠! 드디어 쇼핑몰이 생겼다.

드디어 여러분도 온라인쇼핑몰을 갖게 되었다. 그런데 뭔가 내용이 복잡하다? 괜찮다. 이제부터 하나씩 순서대로 알아보도록 하자. 낯선 사람을 만나면 어색하듯이 낯선 화면을 만나서 어색한 단계일 뿐이다. 자꾸 보다보면 눈에 익기도 하고 익숙해져서 너무 너무 편리하게 된다. 손에 익는다고 할까?

지금부터 시작해보자.

C. 쇼핑몰 설정하기

쇼핑몰 설정에 대해 알아보도록 하자. 주문부터 상품, 고객, 게시판, 디자인 등 쇼핑몰을 구성하는데 필요한 각 단계별 업무를 하나씩 알아보도록 한다.

1. 주문

[주문]에선 주문 대시보드, 전제주문조회, 입근전 관리, 배송준비중 관리, 배송 대기관리, 배송중 관리, 배송완료조회, 취소/교환/반품/환불, 주문관리 부가 기능, 자동입금 화긴 관리, 현금영수증 관리, 세금계산서 관리를 할 수 있다. 순서대로 각 항목별 내용을 알아두도록 하자. 단, 이 단락에선 쇼핑몰 구성 요소들에 대해 기초적인 설명만을 하고 있으므로 기능 숙달을 하려면 자주 보고 반복 연습하는 게 중요하다.

(1) 주문 대시보드

주문 건에 대해 대략적인 내용을 볼 수 있다.

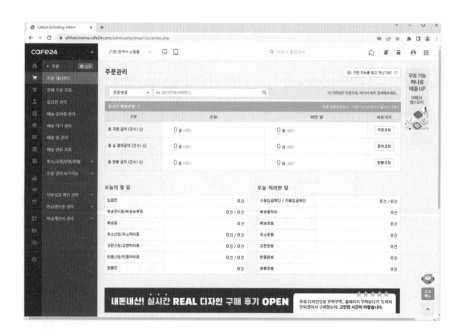

실시간 매출현황을 확인한다. 최종 업데이트 일시가 표시된다. 또한, 총주
문금액, 총 실결제 금액, 총환불금액 확인이 가능하다. 쇼핑몰 관리에 있어서
'오늘의 할 일'에 대해 입금 전 건 수, 배송 관련 내역, 주문취소 및 교환, 반품
건 내역 확인, 환불 건에 대해 확인 가능하다. '오늘 처리한 일'에서는
입금확인, 배송중 처리 건, 반품과 환불 처리 건 개수가 표시된다.

(2) 전체 주문 조회

전체 주문을 조회하는 화면이다. 조회는 품목별 주문번호, 배송번호, 주문
장 번호를 비롯하여 주문자, 입금자, 메모작성자 세부 항목으로 조회
가능하다.

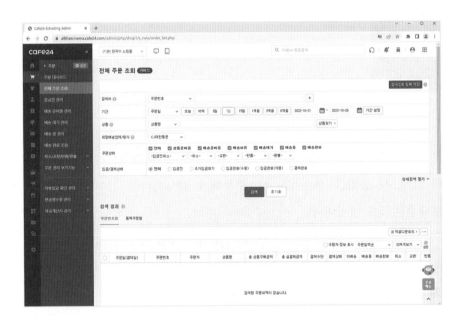

희망배송업체를 구분하여 우체국택배, CJ대한통운, 한진택배, 롯데글로벌
로지스, 로젠택배가 있다.

(3) 입금 전 관리

고객이 상품을 주문했지만 아직 입금되지 않은 주문 건을 관리하는 화면이다.

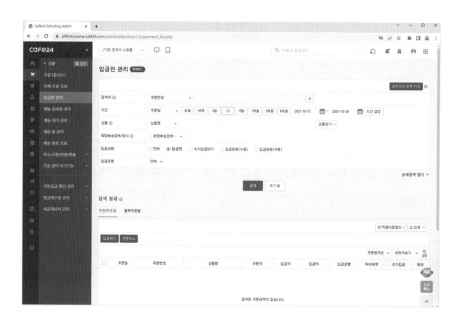

고객이 주문은 했으나 미입금 상황인 경우, 주문취소가 될 가능성도 있으므로 사전에 대비하는 게 좋다. 가령, 미입금 상태라고 문자메시지를 보낸다거나 쇼핑 시 불편한 점은 없는지, 주문해서 감사하다는 인사말 메시지를 보내주는 것도 방법이다.

고객으로서는 주문했지만 시간이 없거나 깜빡 잊을 경우, 미입금 상태로 있을 수 있는데 이럴 때 쇼핑몰에서 주문을 환기시켜주면서 정성어린 서비스 응대 메시지를 보내주면 감동하게 된다.

(4) 배송 준비중 관리

배송 준비 단계를 관리하는 화면이다.

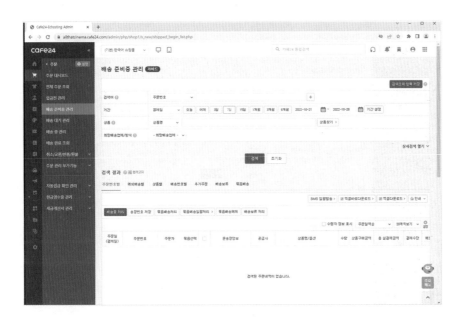

　배송준비는 상품 재고가 있는지 없는지에 따라 주문 후 매출이익이 생기는
지 안 생기는지를 결정한다. 가령, 주문 후 배송준비 단계로 온 상품주문목록
이 있다고 하자. 재고도 있고 그래서 주문을 받았는데 막상 상품 상태가
배송을 보낼 수 없다면 어떡해 할 것인가? 자체 손상되어 있거나 기타
재고장부에는 있는데 실제 분실된 상태이거나 하는 경우다.

　따라서 배송준비 관리에서는 이러한 문제 요인이 없도록 대비하는 게 중요
하다.

(5) 배송 대기 관리

배송준비를 거쳐 배송을 대기하는 단계이다.

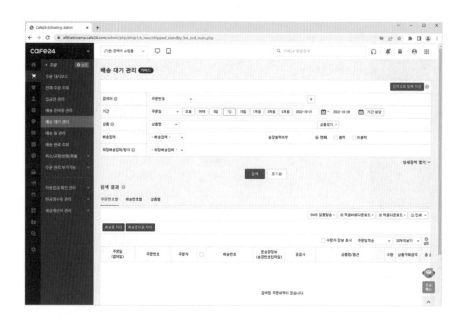

배송대기 상태에서는 택배사의 운송차량 도착과 출발이 중요하다. 사실 배송대기까지 오려면 재고가 있어야 하고 그 상품이 출고 가능한 상태가 확인되어야 하는 등, 고객에게 상품이 전달되어도 좋다고 판단된 이후라는 의미다. 이후부터는 운송차량이 담당할 부분이다.

(6) 배송 중 관리

배송 중에 있는 주문 건을 관리하는 화면이다.

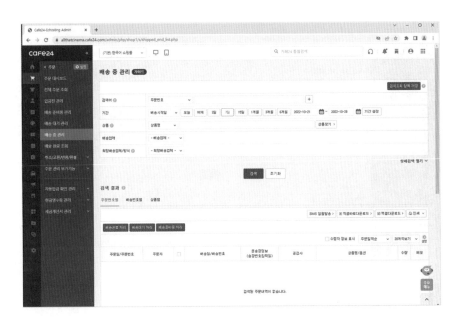

　배송 중 상태에서 쇼핑몰 업체에서는 사실상할 일이 마무리된 것과 같다. 하지만 이후부터는 배송이 제대로 이루어지는지가 중요한데 그 이유는 배송 중 예기치 못한 상황이 발생해서 상품이 영향이 끼칠 수도 있기 때문이다. 쇼핑몰로서는 배송 중 관리에서 고객에게 배송이 출발했다는 알림메시지 보내기를 하고나서도 제대로 도착하고 이상없이 고객에게 전달되는지까지가 모두 배송 중 관리라고 할 수 있다.

(7) 배송 완료 조회

배송이 이뤄진 주문 건을 관리하는 화면이다.

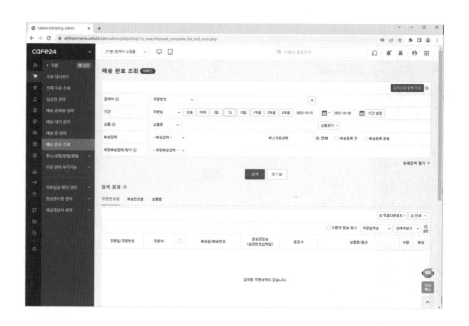

배송 완료에서는 고객으로부터 추가 요청이 있는지 확인한다. 미리 대비한다고 해야 더 적확한 표현이다. 상품이 고객에게 전달되면 전달완료 알림메시지가 도착한다. 배송 간 사고(?)는 없었다는 의미다. 일단은 안심이다.

(8) 취소/교환/반품/환불

배송된 이후에 고객으로부터 발생할 수 있는 상황을 관리하는 메뉴이다.

상품이 배송되었다고 해서 그 주문 건이 마무리된 것은 아니다. 최종적으로 고객의 마음에 들어야 한다. 고객의 단순 변심 등으로 인한 반품 요청이나 교환 요청이 생길 수 있고 환불 요청도 들어올 수 있다.

고객으로서는 자신이 주문한 상품이 제대로 도착했는지 확인하는 과정, 즉 검수하는 단계에 해당된다. 쇼핑몰은 판매자이고 고객은 구매자이기 때문이다. 고객이 별다른 요청이 없다면 주문처리 완료가 된다.

1) 입금 전 취소 관리

고객이 결제한 대금이 입금되기 전에 취소 건에 대해 관리하는 메뉴이다.

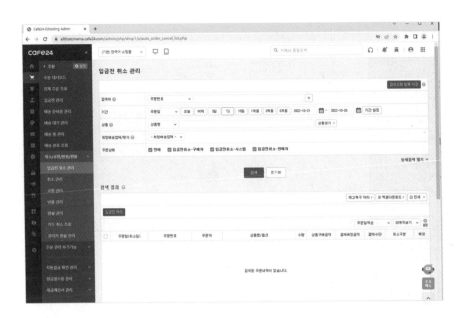

　쇼핑몰에서 주문한 고객이 주문하고 결제했다고 해서 바로 입금되는 것은 '현금'인 경우를 제외하고 최소한 며칠의 기간이 필요하다. 그런데 제품은 배송되었는데 고객으로부터 주문취소요청이 들어올 경우, 입금 전 취소를 하게 된다.

2) 취소 관리

배송상품에 대해 주문취소를 관리하는 메뉴이다.

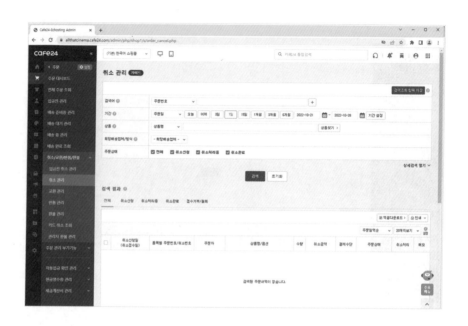

고객이 제품을 받은 후에는 주문취소라는 표현 대신 교환, 환불, 반품 과정이 진행된다. 그러므로 주문취소 건은 배송준비 과정이거나 배송 중 상태에서 발생한다. 이 경우 고객의 단순변심인 이유는 드물고 배송기간이 길어져서 제때에 상품을 받지 못한 경우가 대부분이다.

3) 교환 관리

상품 교환을 관리하는 메뉴이다.

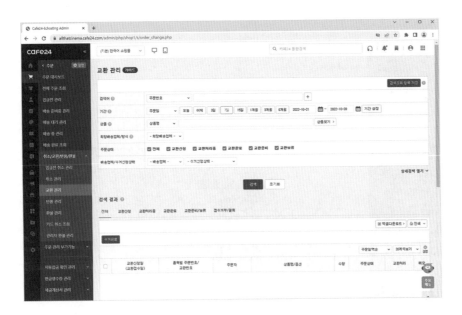

　상품 교환은 제품상 하자가 있는 경우로서 불량품이거나 또는 고객이 주문한 상품과 다른 상품이 배송되엇을 경우로서 사이즈가 다르다거나 화면에서 본 상품과 다르다거나 하는 등의 이유들이 있다. 상품교환은 제품상 하자가 발생했을 경우를 제외하고는 경우에 따라 고객이 배송비를 부담해야 하는 경우가 있다.

4) 반품 관리

상품 반품을 처리하는 메뉴이다.

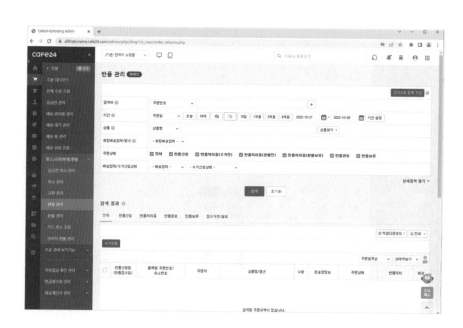

반품은 사실 쇼핑몰 입장에선 상당히 부담을 갖는 단계다. 제품상 하자가 있어서 반품을 하는 것은 그나마 낫다. 왜냐하면 쇼핑몰의 잘못은 아니라는 심리적 안도감이 들기 때문이다. 그런데 그게 아니라 '고객응대에 반감을 갖게 되어 반품' 등처럼 상품의 문제가 아닌 경우에 생기는 반품이 있을 수 있다.

이럴 경우에는 정말로 쇼핑몰 임직원 모두가 기운 빠지는 상태가 생긴다. 사실 쇼핑몰 업무라는 건 상품을 잘 홍보해서 판매하는 것이고 고객이 그 상품이 마음에 들어 구매했다는데 있어서 자부심을 갖는다. 좋은 상품을 고객에게 잘 알려서 실제로 구매까지 이뤄지게 했다는 게 자랑스럽기까지 하기 때문이다.

그런데 난데 없이 반품이라?

어디서 잘못된 것인지 내부적으로는 심각하게 고민하게 된다. 물론, 이 말은 제대로 된 쇼핑몰에서 제대로 된 상품을 제대로 판매하엿다는 것을 전제하고 꺼내는 이야기다. 그래서 반품 관리에서는 쇼핑몰로서는 극도로 긴장하게 된다.

5) 환불 관리

환불을 관리하는 메뉴이다.

환불은 매출감소 원인들 가운데 하나이고 판매한 물건이 다시 돌아온다는 이야기이기도 하며 물건은 판매되엇지만 물건은 없는데 돈도 돌려줘야 하는 경우가 될 수도 있다. 가령, 고객 단순 변심으로 환불 요청이 생겼다고 해보자. 그 상품은 언박싱을 한 상태가 대부분이다. 왜냐하면 고객이 상품을 보고나서 변심을 한 것이기 때문이다.

그러나 구매 후 일주일 이내엔 고객의 환불요청을 받아줘야하므로 환불을 하게 되는데 문제는 상품이 돌아온 다음에 생긴다. 그 상품은 다른 고객에게 되팔기가 난감하기 때문이다. 재포장을 해도 티가 나고 이상하게도 고객에게 환불요청 받은 상품은 다른 고객이 주문하는 경우도 별로 없다. 쇼핑몰을 하면서 알게 되는 징크스(?)라고 할까?

6) 카드 취소 조회

카드 주문 건에 대해 취소 업무를 관리한다.

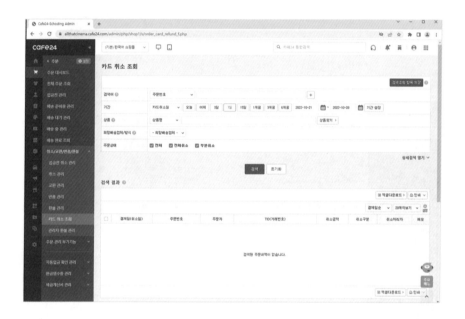

카드 주문 취소는 대부분 쇼핑몰 내에서 이뤄진다. 예를 들면, 이런 상황은 아침엔 주문으로 잡혔는데 오후에(또는 저녁에) 주문 취소가 되고 매출이 줄어든 경우다. 카드 주문이 취소되는 경우에 해당된다.

그러면 쇼핑몰은 어떻게 해야 할까?

응. 카드 주문한 고객이 취소했네.'
이렇게 단순하게(!)만 생각하고 넘겨야 할까? 아니다. 카드 주문 취소가 생긴 주문 건을 확인하고 어떤 상품인지, 문제가 무엇인지 파악해야 한다. 왜냐하면 가격 관리 같은 쇼핑몰 내부의 정책에서 생긴 문제 때문에 그럴 수도 있기 때문이다.

7) 관리자 환불 관리

쇼핑몰 관리자의 환불을 관리하는 메뉴이다.

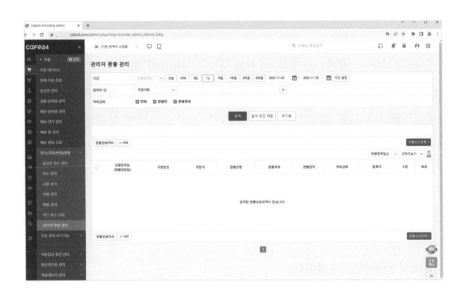

환불이 제대로 이뤄졌는지 관리한다.

환불을 요청한 고객의 이름, 아이디, 이메일을 확인하고 환불 은행 계좌와 금액을 확인해야 한다.

(9) 주문 관리 부가기능

이번엔 주문 관리에서 부가적인 기능들을 알아두도록 하자.

그리고 미리 말해두지만, 쇼핑몰 만들기에서 상품준비나 업로드 방법에 대해 설명하는 대신 주문관리부터 설명하는 이유는 한 가지, '돈 버는 재미'를 미리 전해주고 싶은 마음에서다. 사실 쇼핑몰을 하려는 사람들은 이미 쇼핑몰을 경험해본 사람들이다. 쇼핑몰에서 주문 한 두 번 안 해보고 쇼핑몰을 하겠다는 사람은 거의 없다. 그렇다면 이들에게 필요한 것은 쇼핑몰에 상품을 올리는 방법이나 쇼핑몰 꾸미는 방법보다는 실제 쇼핑몰에서 돈을 벌게 될 경우 주문관리하는 방법이 먼저 궁금한 게 당연하다.

쇼핑몰을 하려는 마음으로 카페24에 쇼핑몰을 만들었다?
그 다음은?

상품 준비하는 방법? 쇼핑몰 사이트 꾸미는 방법이 가장 궁금한 건 아닐 것이다. 무엇보다도 돈 버는 방법, 쇼핑몰에서 돈을 벌면 어떻게 관리해야 하고 어떤 부분들을 유의해서 신경써야 하는지가 궁금하기 마련이다. 그래서 그렇다.

1) 견적서 관리

견적서 관리하는 화면이다.

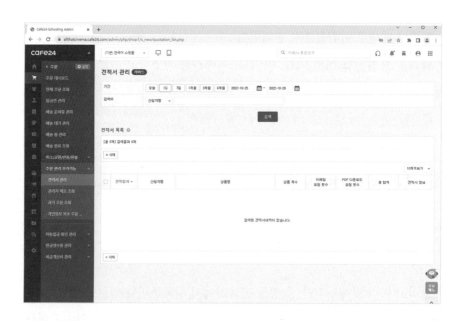

쇼핑몰에서 상품을 본 사람이 견적을 요청할 경우 사용 가능하다. 견적서 관리를 하는 것은 견적이 통과되었을 경우와 견적이 받아들여지지 않았을 경우를 나눠서 관리하고 견적업무 자체에 문제 요인을 발견해서 풀어야 하는는 게 중요하다.

견적요청은 많은데 견적대로 주문이 성사가 안 된다면 그 견적에 문제가 있다고 봐야하지 않을까?

2) 관리자 메모 조회

관리자 메모 내역을 조회하는 화면이다.

쇼핑몰에서 발생하는 상황별로 메모를 작성해서 관리할 수 있다.

3) 과거 주문 조회

과거 주문을 조회하는 화면이다.

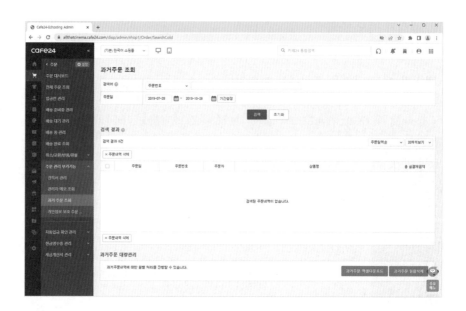

쇼핑몰에서 한번만 주문하는 고객은 드물다. 단골이 되면 주문 횟수가 늘어
나고 주문 건수가 쌓인다. 쇼핑몰의 월별 주문 건수를 확인하고 관리할 수도
있다. 한명의 고객이 쇼핑몰에서 얼마나 주문했는지에 따라 고객들마다 구분
해서 이벤트를 제공한다든가 사은품을 제공하는 등의 마케팅이 가능하다.

4) 개인정보 보호 주문 조회

개인정보 보호 주문 조회하는 화면이다.

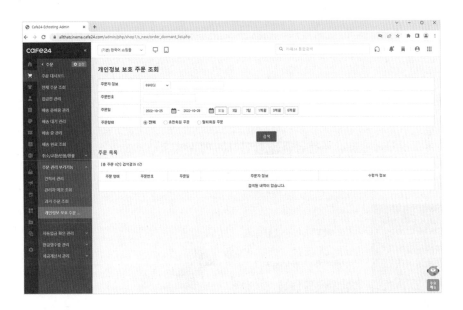

 탈퇴회원, 휴면회원의 주문 내역을 조회할 수 있다.
가령, 휴면 회원이나 탈퇴회원들의 주문 내역을 조회하면서 어떤 상품 주문이
마지막 주문이었는지 알아보자. 그리고 탈퇴한 이유가 무엇일지, 휴면상태인
이유가 무엇일지 연구하고 쇼핑몰 운영에 적용해야 한다.

 쇼핑몰은 오프라인 가게랑 다르지 않다.
 결국엔 단골장사다.

 광고홍보를 통해 유입되는 고객들은 그 수가 한정적이다. 쇼핑몰에 유입된
고객들을 맨손으로 보내지 않겠다는 마음가짐이 중요하다.

 단 한 명의 고객이라도(비록 얼굴도 모르고 아무 것도 모르지만) 쇼핑몰에
머물게 하고 쇼핑을 하는데 불편함이 없도록 해야 한다. 그러기 위해선 고객
들과의 접점을 늘려야 하는 게 중요하다.

고객들이 계속 들어오는데 자꾸 탈퇴한다? 휴면상태다?

그 쇼핑몰에 문제가 없는 게 아니다. 쇼핑몰 운영에 있어서 미진한 점이 무엇인지 파악하고 개선해야 한다. 탈퇴회원이 생기지 않을 때까지, 휴면회원이 생기지 않을 때까지 해야 한다.

(10) 자동입금 확인 관리

무통장입금자명과 주문금액을 확인하는 메뉴이다.

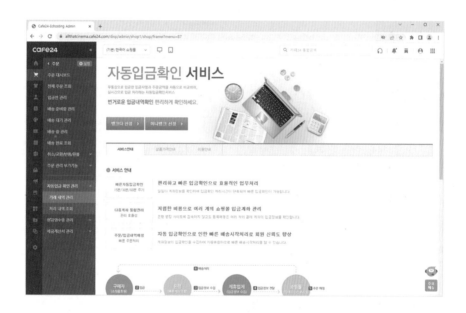

아마 그런 내용을 본 기억이 있을 것이다.

쇼핑몰에서 주문을 하는데 공지사항에 뜬 내용을 보니 '입금자를 찾습니다' 라고 있다. 이게 무슨 말인가? 상품 주문하면서 무통장입금을 하는 경우다. 무통장입금만 해두면(심지어 입금자명도 다른 사람 이름으로) 해버리면 쇼핑몰로서는 도대체 누가 어떤 상품을 주문했는지 알 길이 막막하다. 대부분 이런 경우 그 사람이 전화도 해주지 않는다. 알아서 오겠거니 생각하는가 보다. 쇼핑몰 관리자를 위해 업무상 불편을 덜어주는 기능이다.

1) 거래 내역 관리

자동입금 확인 관리를 하게 되면 거래내역 확인이 가능하다.

2) 처리 내역 조회

자동입금 확인을 거쳐 처리한 내역을 조회하는 메뉴이다.

　이를 통해 쇼핑몰 운영에 있어서 무통장입금 주문 건에 대해서도 잘 대처할
수 있다.

(11) 현금영수증 관리

현금영수증을 관리하는 메뉴이다.

〈발행내역 관리〉

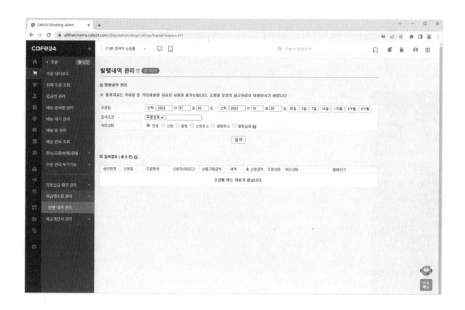

현금영수증 발행 내역 확인을 통해 쇼핑몰을 관리하도록 하자. 단, 통계자료는 국세청 및 기타제출용 자료로 사용이 불가능하다.

(12) 세금계산서 관리

세금계산서를 관리하는 메뉴이다. 발행 신청, 발행 내역, 미신청 내역을 관리하면서 세금 업무에 대해 알아두도록 하자.

1) 발행 신청 관리

세금계산서 발행 신청 내역을 확인한다.

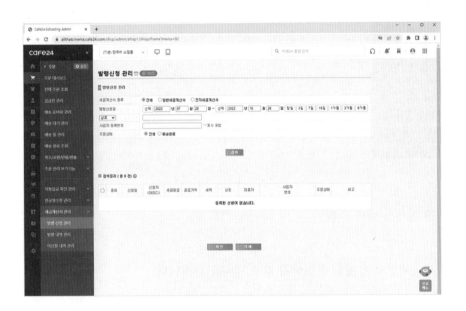

2) 발행 내역 관리

세금계산서 발행 내역을 관리한다.

3) 미신청 내역 관리

세금계산서 발행을 신청하지 않은 내역을 관리한다.

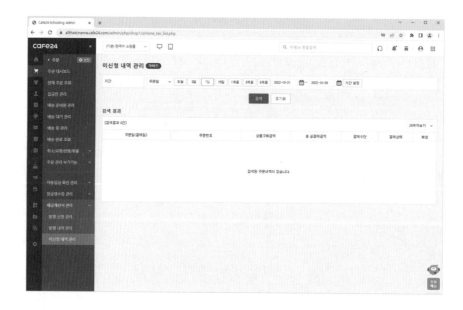

여기까지 [주문]에 대해 알아보는 시간을 가졌다. 쇼핑몰 운영에 있어서 제일 중요한 것은 쇼핑몰 디자인도 아니도 상품도 아니다. 여러분의 쇼핑몰에서 고객이 주문한 건에 대해 신속 정확하게, 고객만족 감동을 선사하며 제대로 처리해내는 게 제일 중요하다.

그러기 위해선 좋은 상품을 준비해야한다는 점 외에도 주문 후 빠른 배송이 제일 중요하다 할 것이다. 아무쪼록 [주문] 관련 쇼핑몰 업무만큼은 충분히 여러 번 반복 숙지해서 잘 준비하도록 하자.

2. 상품

쇼핑몰의 핵심, 이번 단락에서는 상품 관리에 대해 알아두도록 하자. 쇼핑 몰은 상품을 판매하자고 운영하는 것인 만큼 가장 중요한 것은 상품이라고 할 것이다. 무엇보다도 좋은 상품이 있어야 하고 타사 쇼핑몰 대비 가격경쟁력 도 있어야 하며 소비자들이 원하는 상품이어야 할 것은 두 말 할 이유가 없다.

그런데 문제는 그 다음이다.

인터넷쇼핑몰에서 상품을 어떻게 팔 것인가? 쇼핑몰은 어떻게 만들고 상품 진열은 어디서 할 것인가에 대한 문제다. 물론, 상품만 좋다면 사진 한 장만 있어도 충분하다. 그것도 여러분만 갖고 있는 독보적인 상품이라면 다른 건 다 필요없을 수 있다. 오로지 상품 소개 한줄만 갖고서도 판매가 이뤄질 수 있다.

하지만 이왕이면 같은 상품이더라도 진열이 잘 된 상품은 그렇지 않은 경우 보다 더 값어치가 느껴지는 게 사실이다. 똑같은 쇼핑몰에 올려도 몇 번째 순 서로 진열할 것인가가 중요하고 진열하더라도 가격은 얼마에, 어떤 포장으로, 어떤 상품과 묶음판매할 것인가 등등, 상품판매에 있어서 고려해야하 부분들 이 적지 않다.

다만, 이 책에서는 카페24에 쇼핑몰을 만들고 상품을 업로드하는데 있어서 기초적인 설명을 통해 쇼핑몰의 기본 운영방법을 전달하는데 목적이 있음을 다시 밝혀둔다. 쇼핑몰은 어떻게 구성이 되고 상품은 어느 메뉴에 어디서 업로드하는 것인지에 대한 설명이다.

왜냐하면, 쇼핑몰에서 상품 사진 촬영하는 것 하나만으로도 세세하게 설명 하자면 이 책 한 권 이상의 분량이 나오기 때문이다.

다시 말해서, 이 책에서는 초보자들이 카페24에 쇼핑몰을 만들고 상품을 업로드하고 판매할 수 있는 단계, 그리고 추가적으로 블로그와 SNS에서 홍보하는 방법까지 전달하고자 할 따름이다.

지금부터 쇼핑몰 상품 관리에 대해 하나씩 알아보도록 하자.

(1) 상품 대시보드

쇼핑몰에서 판매중인 상품에 대해, 상품관리에 대해 표시하고 있다.

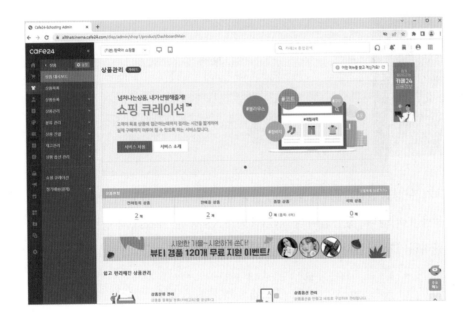

(2) 상품목록

쇼핑몰 상품 목록을 관리한다. 어떤 상품이 판매되고 있는지 내역을 확인한다.

기본 상품인지, 세트상품인지, 상품을 진열하느지 여부, 판매하는지 여부 등을 관리한다. 상품들마다 SMS발송, SNS 공유, 주소복사 등에 의해 상품 관리하기가 어렵지 않다.

(3) 상품등록

쇼핑몰에 상품등록을 하는데 있어서 간단 등록, 일반 등록, 세트 상품 등록, 엑셀 등록에 대해 알아두도록 한다.

1) 간단 등록

쇼핑몰에 상품을 진열하는데 필요한 최소 정보를 입력할 수 있다.

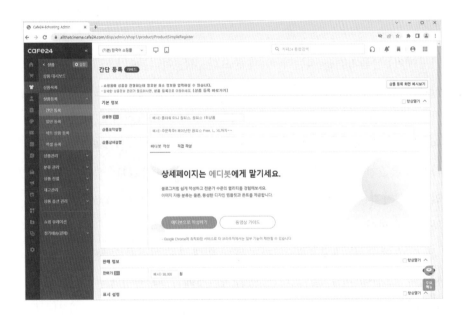

최소한의 기본적인 설명만으로도 상품 판매를 할 수 있다.

[상품명] 상품명칭을 적는다. 쇼핑몰에 찾아온 사람들에게 보여지는 부분이다. 상품의 특징을 잘 나타내서 한눈에 확 시선을 잡도록 신경써서 정하자.

[상품요약설명] 상품의 사이즈 구분, 색감 등에 대해 요약해서 적는다.

[상품상세설명] 상품 상세사진을 비롯하여 스타일링 팁, 모델 사진, 상품의 상세이미지들을 충분히 업로드하면 좋다.

꼼꼼한 설명이 될수록 구매 가능성이 높아진다.

상품상세페이지를 만드는데 고민이 된다면 '에디봇'을 활용할 수 있다. 상세페이지 때문에 더 이상 고민은 안 해도 된다. 다시 강조해서 말하지만 쇼핑몰 상품은 단 한 장만 있어도 판매되고 한 줄 문장만 있어도 판매될 수 있다. 가장 중요한 것은 쇼핑몰 관리자가 최선을 다한다는 마음을 보여주면 된다.

참고로, '에디봇'이란 상세페이지를 만드는데 가이드해주는 기능이다. 순서에 따라 이미지를 등록하고 내용을 넣으면 상세페이지가 완성된다.

[판매가] 상품가격을 적는다. 이때 중요한 것은 여러분이 받고 싶은 가격이 아니라 경쟁력 잇는 가격을 정해야 한다는 점이다. 다른 말로는 소비자가 사고 싶은 가격이라고 할 수 있고, 소비자가 원하는 가격이라고 할 수 있다.

예를 들어, 1,990원과 2,000원은 느낌이 다르다. 하나는 1,000원대 가격이고 다른 것은 2천원대 가격이다. 소비자로서는 가격에서 느끼는 심리적 저항이 있다. 두 가격은 10원 차이뿐이지만 소비자가 받아들이기엔 1,000원 정도의 차이를 느낀다.

또 다른 예로, 한 개에 2,600원짜리 빵이 있다. 1+1이어서 2개를 사도 2,600원이다. 그런데 바로 옆에 다른 빵은 한 개에 2,900원이다. 이 빵도 1+1 행사를 해서 2개를 사도 2,900원이다. 여러분은 2,600원에 빵 두 개보다 두 개에 2,900원짜리 빵이 너무 비싸다고 생각될 것이다. 당연히 두 개에 2,600짜리 빵을 사는 게 여러분에게 이익이라고 생각할 것이다.

그러나 이익은 그 빵가게 주인이 이익이다. 여러분은 이러거나 저러거나 돈을 쓴 고객이 된다. 다시 말해서, 이때 빵의 가격은 소비자의 선택의 폭을 넓혀준 것일뿐, 실제로 큰 차이는 없다. 엄밀히 따지자면 빵들의 가격은 300원 차이다. 하지만 여러분은 속으로 2,600원짜리 빵을 사면 두 개에 2,900원자리 빵을 사는 것보다 600원이 이익이라고 생각했을 것이다. 하지만 정답은 앞서 말했듯이 빵가게 주인만 이익이다.

다만, 여러분의 쇼핑몰에서 판매가를 정하는데 고민된다면 필자가 추천한다.

여러분이 상품의 제조자라면 원가에 곱하기 5를 하고 도매상품을 가져오는 것이라면 구입원가에 곱하기 1.3을 하자. 제조자는 원가비중을 경비 포함해서 30%로 잡자는 의미이고 도매물건은 구입가에 30% 마진을 더 붙여보자는 의미다.

물론, 이 가격으로 하면 다른 업체들과 경쟁력이 없을 수 있다. 그러므로 위에서 이야기한 것처럼 그 다음 단계로 미세한 가격차이 조정에 들어가야 한다. 가격을 정할 때는 참고삼아 오픈마켓이나 다른 쇼핑몰에서 판매되는 가격을 시장조사해서 여러분의 상품 판매가를 정하도록 하자. 쇼핑몰에서 가장 중요한 것이 상품이라면 지갑을 여는 소비자들의 수를 정하는 것은 '가격'이다. 상품이 좋을 경우, 가격이 비싸면 지갑이 덜 열리고 가격이 적당하면 지갑이 많이 열린다.

[표시상태]는 진열 여부다. 쇼핑몰에 상품 등록하는데 진열 여부를 왜 선택하냐고 되물을 수 있는데, 그 이유는 상품정보를 올리는 시간이 이유일 수 있고 상품 출시를 제때에 하기 위함이기도 하다. 또는, 재고 유무에 따르거나 상품 입고 시기에 맞춰 진열을 할지 말지 결정하는 것이다.

[상품분류]는 카페24에 설정된 분류에 k라 적당한 위치를 고르도록 한다.

[옵션/재고 설정] 상품을 등록하면서 하나의 티셔츠이지만 색상이 여러 개일 경우, 옵션을 설정하는 것이고, 상품 진열을 하더라도 재고 수량을 정해서 재고 물량 만큼만 주문을 받을 수 있도록 설정해두는 기능이다.

[상품 이미지 등록] 상품 이미지는 500px*500px 크기에 5M 이하의 용량으로 gif, png, jpg(jpeg) 형태의 이미지 파일을 사용할 수 있다. 상품 이미지 작업을 하다보면 이 부분은 큰 문제가 아니라는 것을 알게 되는데, 중요한 것은 '각도'라고 말할 수 있을 것 같다. 그 다음은 '해상도'라고 할 것이다.

설명하자면, 사람들은 상품에 대해 더 알고 싶은 만큼 자세히 보고 싶어하는 마음이 있다. 그래서 해상도가 높아야 하는 것이고 상품의 색다른 면을 보고 싶어하는 사람들을 위해서 다양한 각도로 보여주는 게 중요하다.

예를 들어, 사람의 얼굴이라고 해보자.

여러분이 실험을 해도 좋다. 스마트폰을 들고 여러분의 셀카를 이런 방식으로 찍어보자. 여러분 얼굴 앞에 스마트폰을 들고 옆 얼굴에서 45도 간격으로 다른쪽 옆까지 나눠서 촬영해보자. 4장의 사진이 촬영될 것이다. 그 다음엔 그 사진들을 살펴보자. 똑같은 느낌의 얼굴이 아니라는 사실을 알면서 깜짝 놀랄 것이다. 그러나 너무 놀랄 필요는 없다. 여러분 얼굴이 맞다. 이처럼 상품 사진을 촬영하는 방법도 다르지 않다. 다양한 각도에서 촬영해서 느낌이 제일 좋은 사진을 사용하도록 하자.

위 과정을 거쳐 '간단 등록'에서 등록한 상품은 쇼핑몰에서 이처럼 보인다.

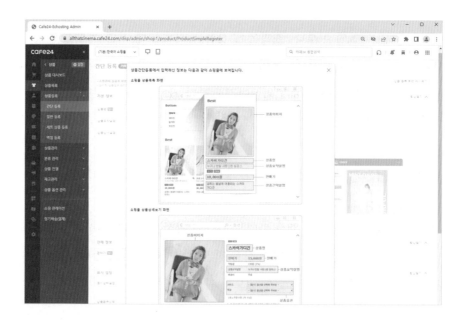

여기까지만 알아둬도 이미 여러분은 쇼핑몰 관리자가 된 것이다. 이 책의 핵심을 꼽자면 단연코 여기라고 할 수 있다. 여기서 알게 된 내용을 바탕으로 다른 부가 기능을 알아두는 것이고 블로그 마케팅을 할 수 있기 때문이다.

2) 일반 등록(상품등록)

쇼핑몰에 상품을 등록하는 메뉴다. 각 항목에 따라 하나씩 입력하도록 하자.

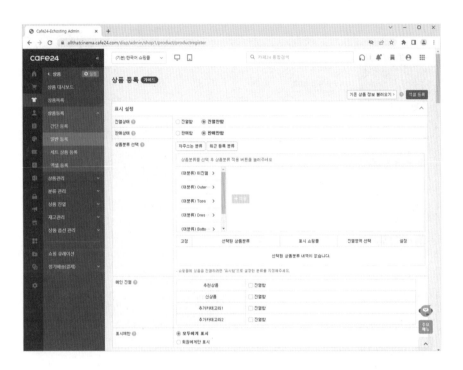

아참, 업무상 요령에 대해 이야기하자면, 상품 등록하기에 앞서 상세페이지에 등록할 상품 사진들을 미리 준비해두는 게 편리하다는 점이다. 가령, '상세이미지'는 권장 500px*500px 크기이고, '목록이미지'는 권장 크기가 300px*300px이며 '작은목록이미지'는 권장크기가 100px*100px이고 '축소이미지'는 권장 크기가 220px*220px이다. 상품 사진을 각 크기들대로 미리 준비해두고 쇼핑몰에 상품 등록하는 게 여러 모로 편리하다. 직접 해보니까 그렇다.

3) 세트 상품 등록

세트 상품을 등록하는 메뉴이다.

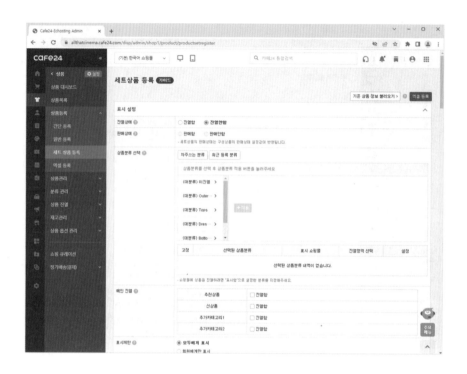

4) 엑셀 등록

상품 신규 등록 시 전용 엑셀양식을 다운로드하여 정보 입력 후 업로드한다. '상품등록용 엑셀 다운로드'로 양식을 받아서 엑셀에 상품 정보를 기입하고 업로드할 수 있다.

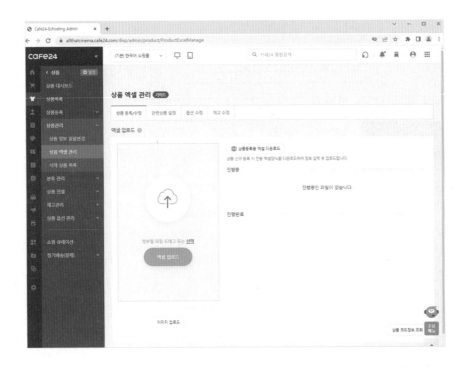

그런데 필자의 경우, 엑셀 등록 방법보다는 개별 상품등록을 한다. 개인별 차이가 있으므로 자신에게 편리한 방법으로 사용하도록 하자.

(4) 상품관리

상품 정보를 일괄적으로 변경할 수 있는 메뉴이다. 엑셀로 관리 가능하고
상품목록 삭제도 가능하다.

1) 상품 정보 일괄변경

상품 정보를 일괄적으로 변경하는 메뉴이다.

상품 정보를 일괄 변경하면 이전 정보로 복구할 수 없다. 일괄 변경할 수 있
는 상품 정보는 '표시 설정, 기본 정보, 상품명/요약 설명, 판매 정보, 제작
정보, 이미지 정보, 상세 이용 안내, 아이콘 설정, 배송 정보, 추가 구성 상품,
관련 상품, 검색엔진 최적화(SEO)'가 있다. 그리고 세트 상품을 수정하려는
경우 상품 목록의 '세트 상품(탭)'을 눌러주자.

2) 상품 엑셀 관리

엑셀 프로그램으로 상품 정보를 관리한다.

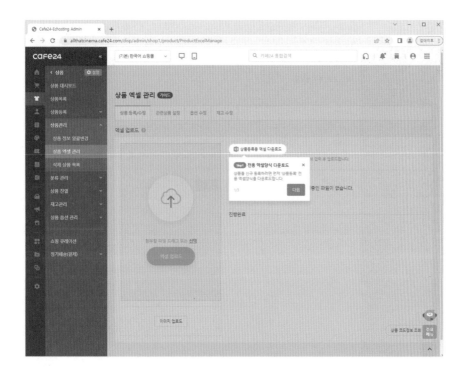

상품을 신규 등록하려면 먼저 '상품등록' 전용 엑셀양식을 다운로드해서
사용하자.

3) 삭제 상품 목록

삭제상품 목록을 관리하는 메뉴이다.

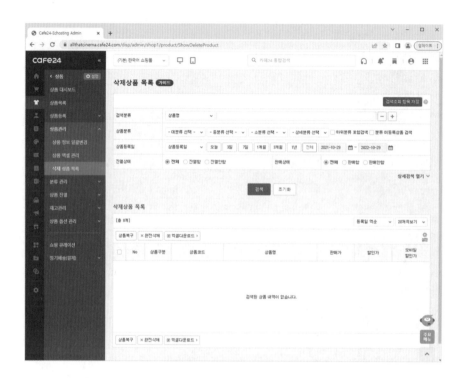

삭제된 상품은 삭제일로부터 1년 후 완전 삭제된다. 상품을 복구하려면 해당 상품이 기존 경로로 복구되는데 '완전 삭제' '전자상거래 등에서의 소비자보호에 관한 법률 시행령'에 따라 삭제 상품 목록의 상품들은 삭제일로부터 1년후 데이터가 영구 삭제되고, 삭제된 상품은 복원할 수 없다는 점을 알아두자.

(5) 분류 관리

상품 분류 관리하는 메뉴이다.

1) 상품 분류 관리

쇼핑몰에 노출할 카테고리를 설정하는 기능이다. 상품 분류는 대분류 하위에 중분류, 소분류, 상세 분류까지 세분화해서 설정할 수 있다.

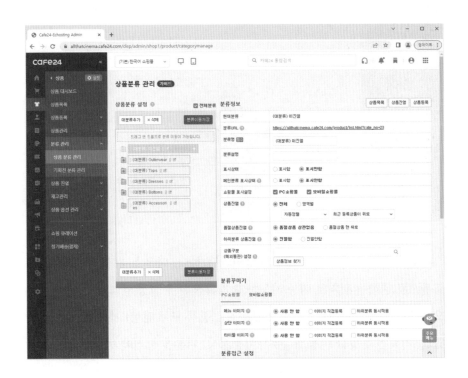

추가한 상품 분류의 정보를 확인하고 설정할 수 있다. 상품 분류명은 쇼핑몰에 노출되므로 사람들이 이해하기 쉽게 입력한다. 분류 설명에 추가 내용을 입력할 수 있고, 분류 URL을 눌러 쇼핑몰에 추가된 상품 분류를 확인할 수 있다.

2) 기획전 분류 관리

쇼핑몰 기획전 분류를 관리하는 기능이다.

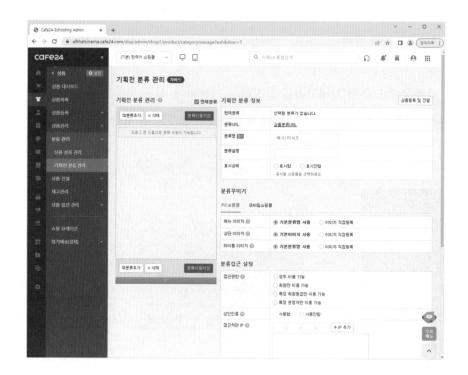

대분류 중분류 총 2단계까지 생성이 가능하다. 마우스 커서를 드래그 앤드롭으로 원하는 위치로 이동 가능하고 기획전 분류 설정 영역의 빈 영역에서 오른쪽 버튼을 클릭하면 [분류 모두 펼침], [분류 모두 닫힘] 기능을 사용할 수 있다. 기획전 분류를 이동 후 [분류이동저장] 버튼을 눌러야 변경사항이 저장된다.

(6) 상품 진열

1) 진열 서비스 안내

쇼핑몰의 컨셉과 방향을 잡아주는 기능이다. 쇼핑몰의 주력상품과 고객 유입을 위한 미끼상품을 먼저 진열하고 그 상품의 반응을 통해 미리 검증해볼 수 있다.

쇼핑몰에 신규 방문자 첫 구매 비율이 더 높다면 실제 판매가 잘 되는 상품을 먼저 진열하는 게 방법. 단골 고객들의 재구매 비중이 많다면 인기 상품보다 신상품을 먼저 보여주도록 한다.

2) 자동 진열

자동 진열이란 주문이 많았던 상품들을 실시간으로 골라 주고, 매일 새로
운 상품으로 업데이트도 해주는 기능이다. 데이터를 기반으로 상품을 자동
으로 쇼핑몰에 진열하고 주기적으로 교체해 주는 서비스다.

원하는 조건만 설정하면 알아서 진열부터 업데이트까지 한 번에 할 수 있다.
자동 진열은 주문 수, 조회 수 등 상품 데이터를 이용하거나, 해시태그를
이용하여 진열 조건을 설정할 수 있다.

3) 갤러리형 메인 진열

갤러리형으로 메인 진열하는 기능이다.

쇼핑몰의 상품 특성에 맞춰 이용하도록 하자.

4) 메인 진열

쇼핑몰 상품 메인 진열관리에서는 200개까지의 상품만 진열 설정할 수 있다. 메인화면의 상품 진열 수와 비교하여 진열과 관계없는 상품이라고 분석된 경우 메인 상품 진열에서 자동으로 '진열안함' 처리된다.

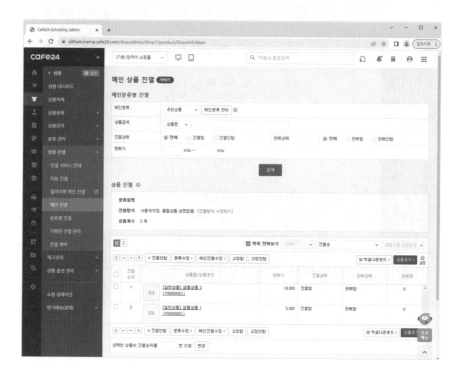

쇼핑몰 메인화면의 메인분류에 상품이 201개 이상 진열된 경우, 해당 메인분류는 기존 메인 상품 진열관리에서 진열 설정한다. 이 기능은 동의를 거쳐 이용할 수 있다.

5) 분류별 진열

쇼핑몰 상품 분류 페이지에 보여질 상품 순서를 설정할 수 있다. 현재 진열 중인 상품을 조회하고, 상품을 추가로 진열하거나 진열된 순서를 변경할 수 있다.

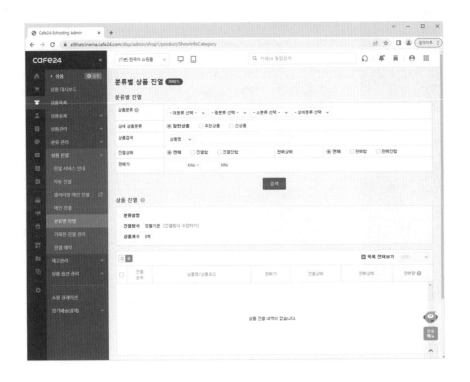

6) 기획전 진열 관리

쇼핑몰 기획전 진열을 관리하는 기능이다.

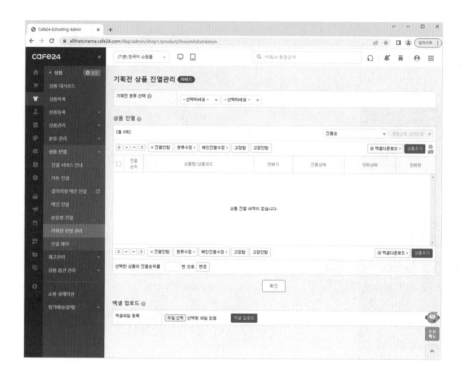

7) 진열 예약

이메일의 경우 예약 메일 보내기와 유사한 기능이다. 쇼핑몰에서 특정 기간 동안 상품을 자동으로 진열할 수 있다. 이벤트나 프로모션 혜택을 제공하는 상품을 설정하여 사용할 수 있다.

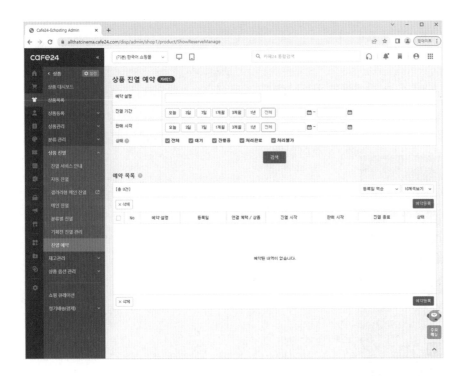

예약 기간 동안 설정한 상품 분류에 상품을 진열하는 기능이다. 기간 종료 시 해당 상품 분류에서 자동으로 제외된다. 진열 예약은 대기, 진행 상태인 예약 건을 합하여 최대 20개까지 등록할 수 있는데 등록한 예약 설정에 연결된 혜택이나 상품 수가 많으면 반영할 때 다소 시차가 발생할 수 있다는 점을 기억하자. 그리고 예약 등록, 진열 시작, 진열 종료는 모두 한국 시간 기준이다.

(7) 재고관리

상품, 품절 상품, 안전 재고상품을 관리하는 기능이다. 가령, 쇼핑몰 상품 판매는 주문 시 제작배송이 아니라 적정 재고를 보유하고 판매를 하는데 이 경우 재고관리가 무엇보다도 중요한 것은 두 말 할 나위가 없다.

1) 상품 재고 관리

상품 재고 관리하는 기능이다.

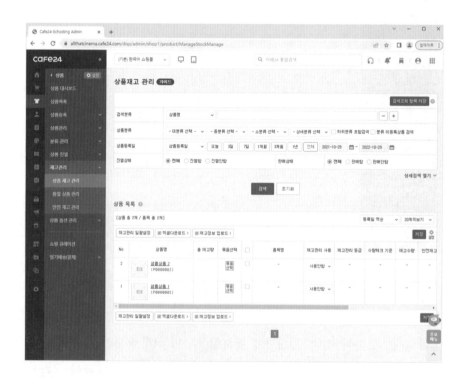

재고'라는 의미는 쇼핑몰에서 현재 보관하고 있는 상품을 말한다. 재고를 잘 알아둬야만 주문 시 대응이 가능하다. 그래서 회사들마다 재고 관리에 신경을 쓰는데 상품 재고를 품목 단위로 상세하게 기록해두거나 등급, 수량 체크, 재고 수량, 안전 재고 등을 관리하게 된다.

2) 품절 상품 관리

쇼핑몰에서 판매하다가 품절된 상품을 관리하는 기능이다.

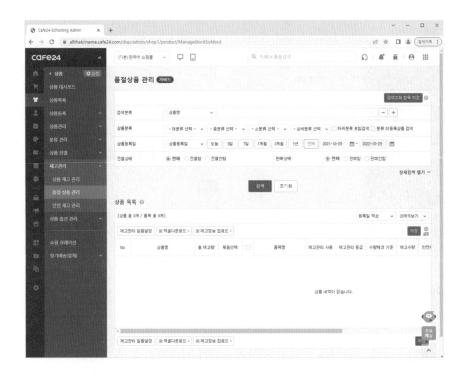

재고 관리 설정은 '품절 표시' 항목에 선택된 품목 중 재고 수량이 0인 상품을 확인할 수 있다.

참고로, 모든 상품의 재고가 0이면 어떤 일이 벌어질까?

쇼핑몰은 장사를 할 수 없고 문 닫게 된다. 이게 허무맹랑한 일 같은데 현장에서 일하다 보면 어떤 상품이 주문들어왔는데 재고가 바닥나는 경우가 종종 생긴다. 그래서 고객들에게 일일이 배송지연 문자메시지를 보내게 되고 경우에 따라 환불도 해주게 된다. 재고관리가 정말로 중요하다.

3) 안전 재고 관리

안전 재고란 적정량의 재고를 갖고 있는 것을 말한다.

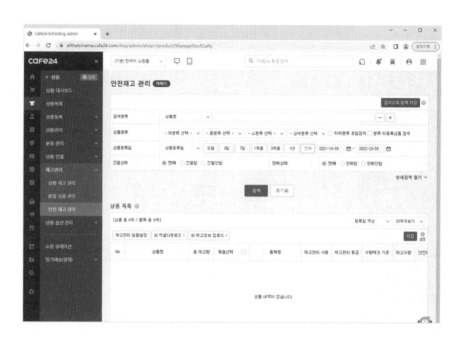

　앞 항목에서 설명한대로 재고는 안전재고가 필수적이다. 쇼핑몰의 운영 여부까지 결정할 수 있다고 해도 틀린 이야기가 아니다. 심지어 어느 회사에서는 신상품이 돈 벌어주는 게 아니라 재고가 돈 벌어준다는 이야기도 한다. 재고=돈 이라는 의미다.

(8) 상품 옵션 관리

상품 등록할 때 설정하는 옵션 기능이다.

1) 품목생성형 옵션

상품 옵션 색상을 표시하려면 [관리자] 쇼핑몰 설정 > 상품 설정 > '상품 보기 설정 > 상품 정보 표시 설정' 에서 상품 색상 표시를 '사용함'으로 설정한다. 쇼핑몰 디자인에 따라 HTML 수정이 필요할 수 있다.

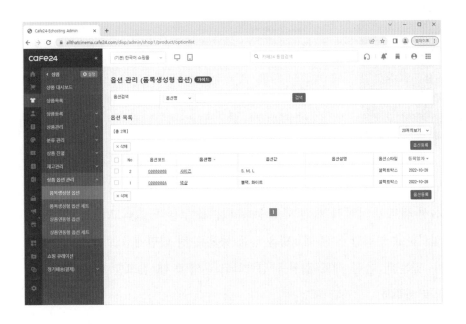

같은 상품 옵션을 사용하는 상품이 많을 때 설정하자. 상품을 등록할 때 저장한 옵션을 사용할 수 있다.

2) 품목생성형 옵션 세트

상품 옵션에서 품목생성형 옵션 세트를 설정하는 기능이다.

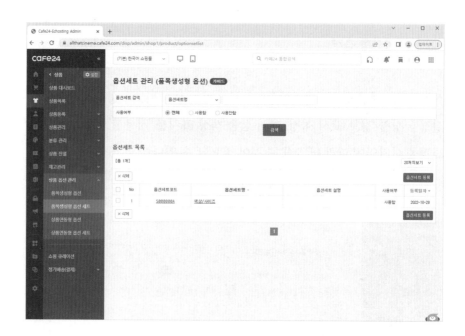

옵션 세트 만들기는 [관리자] 쇼핑몰 설정 〉 상품 설정 〉 '상품 옵션 설정 〉 옵션 세트 관리'에서 '옵션 세트 등록' 버튼을 누른다. 그리고 옵션 세트명을 입력하고 입력한 옵션 세트명을 상품 등록/수정 화면에서 보이는지 확인할 수 있는데, 옵션 세트 설명을 입력하고 운영할 때 참고할 내용이 있다면 입력해주자.

상품을 등록할 때 옵션 템플릿을 선택할 수 있게 보여진다. 옵션 세트를 구성해서 등록된 옵션 중 세트로 구성할 옵션을 선택하고 '등록' 버튼을 누른다.

3) 상품연동형 옵션

상품 연동형 옵션 기능이다.

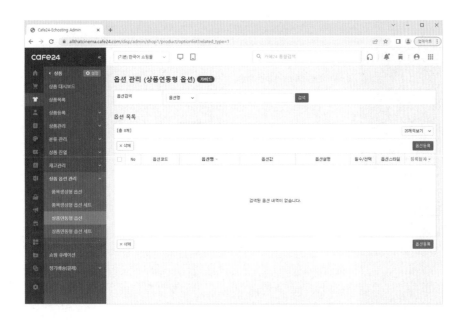

옵션 세트가 삭제되더라도 삭제된 옵션 세트에 등록된 상품에는 영향을 주지 않는데, 다만, 옵션 세트가 삭제되면 상품을 등록하거나 수정할 때 사용할 수 없다.

4) 상품연동형 옵션 세트

상품 연동형 옵션 세트 관리 기능이다.

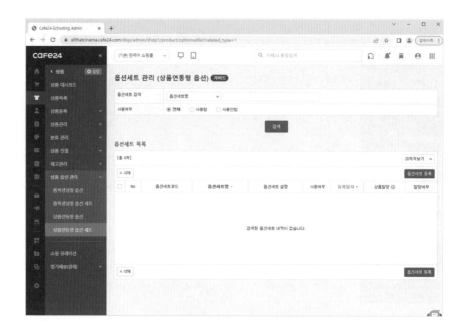

옵션명과 옵션값에 콤마(,), 세미콜론(;), 큰따옴표(")는 등록할 수 없다. 상품의 사이즈 등에서 단위 표현을 위해 큰따옴표를 입력해야 한다면 작은따옴표(')를 두 번 입력하여 사용한다. 옵션 설정은 1,000개까지 할 수 있다.

(9) 쇼핑 큐레이션

해시태그 기반으로 상품 속성별 검색 기능을 제공할 수 있다. 이 기능을 통해 쇼핑몰에 온 고객은 원하는 상품을 쉽고 빠르게 찾을 수 있다. 큐레이션이란 글자 그대로 골라준다, 선별해서 추천해준다는 의미로 해석 가능하다. 쇼핑몰에서 상품을 추천해주고 고객이 선택할 수 있도록 서비스한다는 의미다.

이 기능은 유료 서비스다. 더 이상 쇼핑 큐레이션을 사용하지 않을 경우 '스마트 디자인 편집창'에서 쇼핑몰 화면에 노출을 위해 삽입했던 '디자인 소스'를 삭제해야 한다.

(10) 정기배송(결제)

쇼핑몰 고객들에게 신청(결제)을 받아 정기배송을 하는 기능이다. 주기적으로 구매하는 생필품 등 구독 상품을 판매하거나 공동 구매, 선주문으로 예약 판매할 때 사용할 수 있는 결제 서비스를 말한다. 정해진 일자에 자동 결제되거나, 예약된 일자에 결제되도록 사용할 수 있다.

1) 정기배송 상품 설정
쇼핑몰 고객에게 정기적으로 배송할 상품을 설정하는 기능이다. 일반적으로 '구독'이란 개념으로 알려졌다. 정기배송할 상품을 설정하는 기능이다. 정기배송 기간은 주 단위, 월 단위 등으로 설정 가능하다.

정기배송 상품 설정은 [관리자] 상품 〉 정기배송(결제) 〉 정기배송 상품 설정 에서 정기배송 상품 설정이 가능하다. 그 순서는, 약관 설정 저장〉 정기배송 상품 등록 버튼 클릭〉 정기배송 상품 그룹명 입력〉 정기배송으로 판매할 상품을 선택〉 전체, 특정 상품 분류, 개별 상품을 선택〉 '1회 구매' 옵션을 쇼핑몰 상품 상세 화면에 보여줄지 설정('제공함'을 선택하면 고객이 '1회 구매' 옵션을 선택할 수 있다) 〉 배송 주기 선택 옵션을 상품 상세 화면에 보여줄지 설정('제공함'을 선택하면 고객은 체크된 배송 주기 중에서 선택할

수 있다) 〉 고객이 정기배송 신청 시 배송 시작일로 선택할 수 있는 날짜의
시작 시점을 설정(1일부터 30일까지 선택 가능) 〉 정기배송 할인 설정 사용
여부 설정('사용함'을 선택하면 정기배송 할인과 배송비 무료 기준을 설정할
수 있다).

2) 신청 내역 조회

[관리자] 상품 〉 정기배송(결제) 〉 신청 내역 조회에서 정기배송 상품 신청
내역을 조회하고 해지 처리할 수 있다.

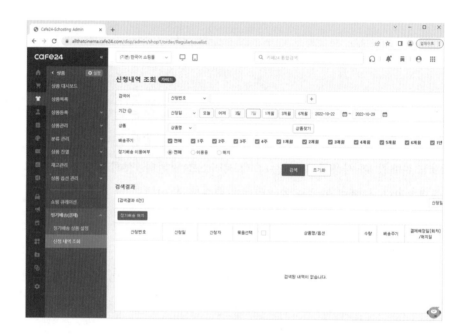

검색 조건을 입력하여 검색하세요. 신청번호, 신청자명, 신청자 아이디, 휴대
전화 번호, 전화번호, 일자, 상품, 배송주기, 정기배송 이용 여부를 입력하여
검색할 수 있어요.

목록에서 신청 내역을 확인하세요.

목록에서 '엑셀 바로 다운로드'를 클릭하면 검색 내역을 엑셀 파일로 내려받
을 수 있어요. 고객이 해지를 요청한 경우 해지하고자 하는 신청 건 선택 후
'정기배송 해지' 버튼을 클릭하면 해지되어요.

3. 고객

　쇼핑몰에서 상품을 주문한 사람을 고객이라고 부른다. 이 단락에서는 쇼핑몰 고객 관리에 대해 집중적으로 알아보도록 하자. 쇼핑몰 운영에 있어서 중요한 것 세 가지에 대해 이야기한다면 상품, 배송, 고객이라고 말할 수 있다. 이 3가지를 가리며 쇼핑몰 운영 3대 요소라고도 부를 수 있다. 3가지 중에 어느 것 하나 빠지면 쇼핑몰 장사가 이뤄지지 않는다.

　그런데 3대 요소 가운데 '배송'은 배송 전문업체가 맡아준다고 한다면 남는 2가지는 쇼핑몰과 고객이다.

　여기서 '쇼핑몰' 운영은 디자인 능력이나 숙달도에 따라 판매자 스스로 얼마든지 개선할 수 있는 부분인데 반해 '고객'의 경우 판매자 마음대로 하기 어려운 요소다. 판매자 대 고객의 만남은 사람과 사람의 만남이라서 그렇다. 온라인 상에서, 쇼핑몰 화면에서 또는 전화상담으로 만나거나 때로는 쇼핑몰 판매자가 직접 배송가서 만나게 될 수 있는 고객의 모든 것에 대해 관리하는 방법을 훈련해두도록 하자.

　쇼핑몰도 장사이고 사업이다. 쇼핑몰 운영하면서 자기 마음대로 하려 들고, 자기 고집대로만 하려든다면 그건 장사가 아니다. 장사를 한다는 것은 상대에게 맞춰준다는 마음이 기본적으로 깔려 있어야 한다. '나'를 낮추고 '상대(고객)'을 높인다는 마음가짐이 잇어야 장사를 잘한다.

(1) 고객 대시보드

고객 메뉴에서 쇼핑몰 회원을 대상으로 정보 조회, 등록하고, 관리할 수 있다. 고객에게 지급된 적립금과 예치금 관리 및 SMS/메일 등 메시지도 직접 보낼 수 있다.

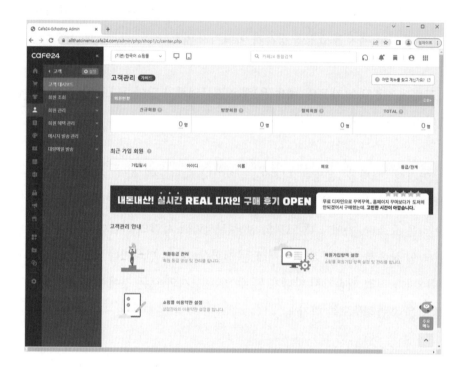

(2) 회원 조회

쇼핑몰 회원 조회 기능이다. 쇼핑몰 회원을 엑셀 등록하거나 등급별로 조회하고 관리할 수 있다. 회원 가입/탈퇴 요청한 회원 관리 및 휴면 회원 목록을 확인할 수 있다.

1) 회원 정보 조회

쇼핑몰 회원의 정보를 조회할 수 있다.

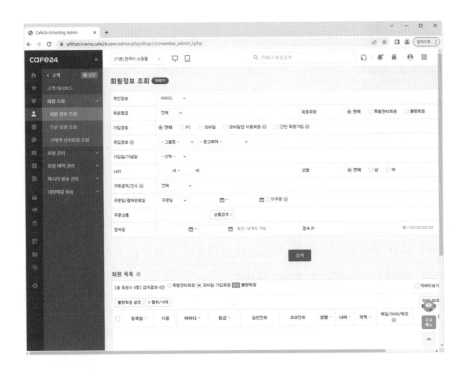

검색 조건에 따라 회원 검색을 하거나 쇼핑몰 회원 중에서 불량 회원 설정, 회원 탈퇴, 엑셀 다운로드, 회원 등급 변경 등을 할 수 있다.

2) 주문 회원 조회

쇼핑몰에서 상품을 주문한 회원을 조회 관리하는 기능이다.

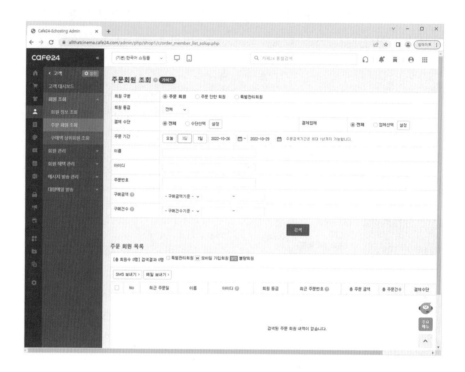

주문 회원 조회에서는 주문 내역이 없는 회원과 특별 관리 회원도 조회할 수 있다. 회원 구분을 특별 관리 회원으로 선택하여 조회하면 특별 관리 회원 중 주문 내역이 있는 회원만 조회된다.

3) 구매액 상위회원 조회

쇼핑몰에서 구매액수가 높은 회원을 조회할 수 있다.

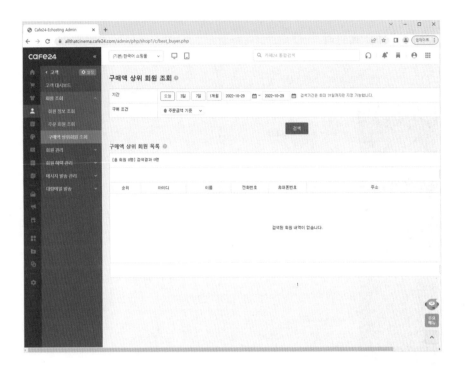

구매액 상위 회원에 대한 관리를 통해 지속적인 구매 유도 및 충성고객을 확보하도록 한다. 조회 기준은 총 주문금액 또는 총 실결제금액 중 선택할 수 있다.

(3) 회원 관리

쇼핑몰 회원 관리에 대해 알아두도록 하자.

1) 회원 등급별 관리

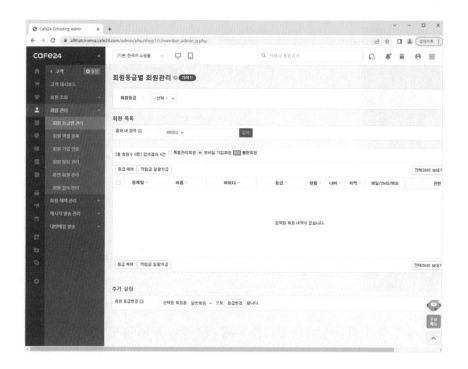

　　회원을 선택하고 '등급해제'버튼을 누르면, 해당 회원은 기본회원등급(신규 가입시 설정되는 등급)으로 변경된다. 회원을 체크박스로 선택 후 '적립금 일괄지급' 버튼을 클릭 시 '적립금 일괄지급' 팝업이 나타나며, 해당 팝업을 통해 선택한 회원에게 적립금을 지급 또는 차감할 수 있다. 각 아이콘 클릭 시 해당 회원을 대상으로 메일 및 SMS 발송, 메모 작성을 할 수 있다.

2) 회원 엑셀 등록

회원 엑셀 파일을 작성하여 업로드하면 쇼핑몰에 회원이 일괄적으로 등록된다.

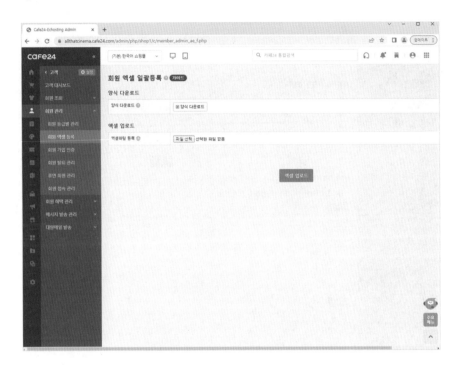

쇼핑몰에 이미 등록된 회원 아이디는 등록되지 않는다. 엑셀로 등록한 후 회원 삭제/탈퇴 처리를 하더라도 같은 회원 아이디로 가입하거나 등록할 수 없다. 엑셀 등록을 테스트할 경우, 실제 쇼핑몰 회원의 데이터가 아닌 테스트 데이터를 등록하여 확인하도록 하자. 도로명 주소를 등록할 경우, 주소 부분에 도로명 입력, 번지 등 상세 주소를 입력해야 한다.

3) 회원 가입 인증

쇼핑몰에 회원가입 시 관리자의 인증 절차를 설정한 경우에는 관리자가 인증을 진행해야 회원가입이 가능하다.

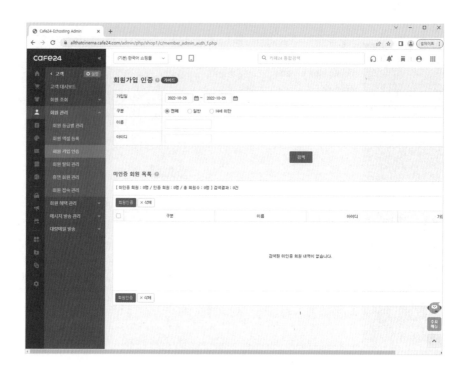

이 기능은 관리자 입장에서나 고객 입장에서 다소 불편할 수 있으나 쇼핑몰만의 멤버십 이미지로도 사용될 수 있는 장점이 있다. 남과 다른 특별함을 주는 부분이기도 하다. 회원가입 인증 기능 사용 여부는 [쇼핑몰 설정 > 고객 설정 > 회원 정책 설정 > 회원 관련 설정 > 회원가입 및 본인인증 설정 > 회원 가입인증] 에서 설정한다.

4) 회원 탈퇴 관리

쇼핑몰 회원이 자진 탈퇴하거나 또는 운영 방침에 따라 강제 탈퇴된 회원을
확인할 수 있다.

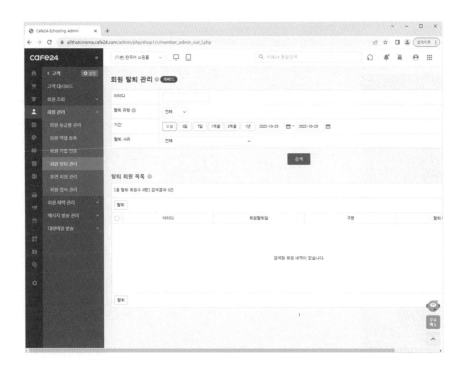

회원 탈퇴 처리 시 개인 정보가 삭제되며 복구할 수 없다. 탈퇴 처리는 일반
탈퇴, 강제탈퇴, 탈퇴신청, 인증삭제로 구분된다.

5) 휴면 회원 관리

회원의 아이디, 이름, 전화번호, 휴대폰 번호, 이메일 항목을 선택, 입력하여
검색 조건을 설정할 수 있고 입력 후 '검색' 클릭 시 휴면 회원 목록에서 결과
를 확인할 수 있다.

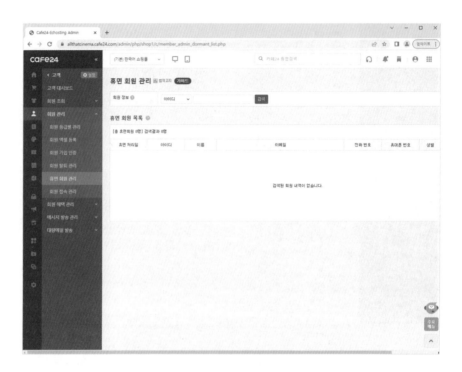

휴면 회원 관리는 개인정보유효기간제 시행에 따라 쇼핑몰에 로그인한지 1
년 이상 경과된 고객들은 자동으로 휴면회원 처리되며, 개인정보가 분리 보관
된다. [상점관리 > 보안관리 > 개인정보유효기간제 설정]에서 사용 동의를
해야, 휴면 회원 관리 이용이 가능합니다.

6) 회원 접속 관리

회원 로그인 관리, 쇼핑몰에 접속한 회원의 IP와 로그인 시간 등을 확인할 수 있다. IP 기준으로 쇼핑몰 접속 차단 및 해제를 설정할 수 있다.

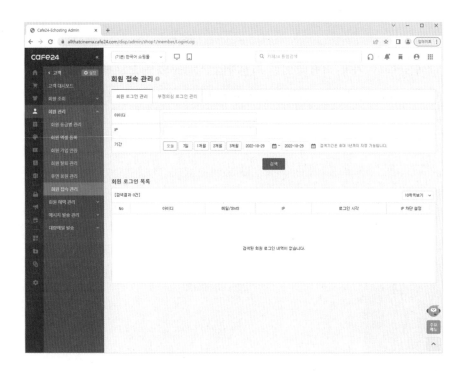

부정의심 로그인 관리는 동일한 IP에서 5개 이상의 아이디가 접속하는 경우를 의미한다. 데이터의 정확도를 위하여 검색 기간은 1일에 1번으로 제한된다. 단, 고객이 공유기를 사용하는 경우 부정의심 로그인으로 오인될 가능성이 있는데 IP 차단 및 불량회원 설정 시 이 점을 유의하여 진행하도록 한다.

(4) 회원 혜택 관리

쇼핑몰 회원들을 대상으로 혜택을 관리하는 기능이다.

1) 회원 적립금 관리

적립금에서 '가용 적립금'이란 회원가입, 상품구매 등으로 받은 적립금 중 사용 가능한 적립금을 의미하고 '미가용 적립금'이란 상품구매로 지급받은 적립금 중 바로 사용할 수 없는 적립금을 의미한다.

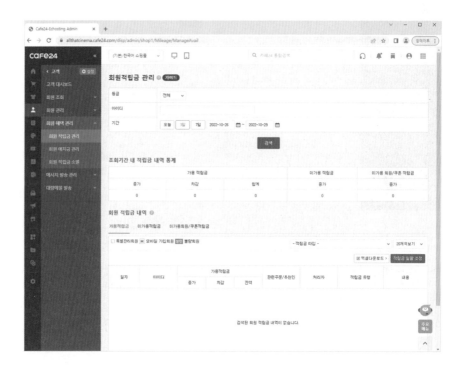

적립금 부정사용을 막는 장치로써 주문 시 발생한 적립금으로 다른 상품을 구매하고 앞 주문을 바로 취소하는 사례 등처럼 적립금의 부정사용을 막는 안전장치다. 적립금 사용여부 및 상세 설정은 [쇼핑몰 설정 〉 고객 설정 〉 회원 정책 설정 〉 적립금 설정] 에서 관리한다.

2) 회원 예치금 관리

쇼핑몰의 예치금 현황을 조회할 수 있다.

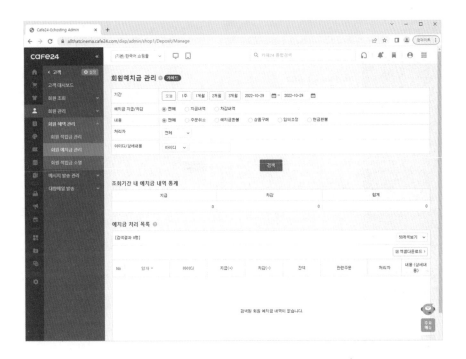

예치금 기능 사용 여부 및 설정은 [쇼핑몰 설정 〉 고객 설정 〉 회원 정책 설정
〉 예치금 설정] 에서 관리할 수 있다. 또한, 회원 탈퇴 시에 예치금 처리방침을
고객에게 안내해주도록 한다(쇼핑몰 디자인 설정이 필요하다).

3) 회원 적립금 소멸

소멸대상 적립금 검색은 일주일에 1회만 검색조건 변경이 가능하다.

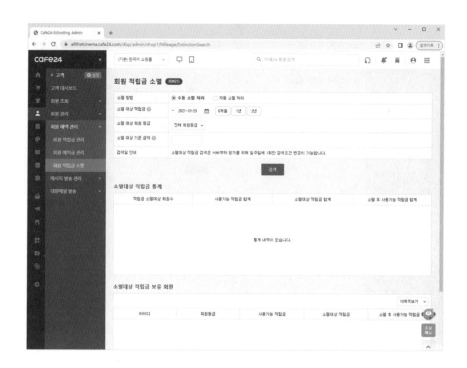

적립금은 쇼핑몰 운영 정책에 따라 수동 또는 자동으로 소멸될 수 있다. 단, 적립금의 소멸 등 정책에 대한 변경은 약관을 개정하고 고객에게 고지해주도록 한다. 최소 30일 전에는 쇼핑몰 및 이메일을 통해 약관 개정을 알려 주도록 한다. 적립금의 소멸 규정은 고객에게 지나치게 불리하지 않도록 통상적인 업계 정책을 고려하여 구성하도록 하자.

(5) 메시지 발송 관리

SMS 발송이나 이메일 발송은 쇼핑몰 관리자가 회원을 대상으로 알림메시지를 이용하는 것과 같다. 다만, 이 기능은 쇼핑몰의 명의자와 실제 사용자가 동일한지 여부를 체크하는 시스템으로서 본인인증을 거쳐야 한다. 본인확인 인증 후, 대표 인증정보로 휴대전화 또는 이메일이 설정되어야 한다.

1) SMS 발송

쇼핑몰 고객에게 문자메시지를 발송하는 기능이다.

2) SMS 충전

메시지 발송 기능은 유료 서비스이므로 충전해서 사용 가능하다.

3) 메시지 발송내역 조회

메시지 발송 내역을 조회하는 기능이다.

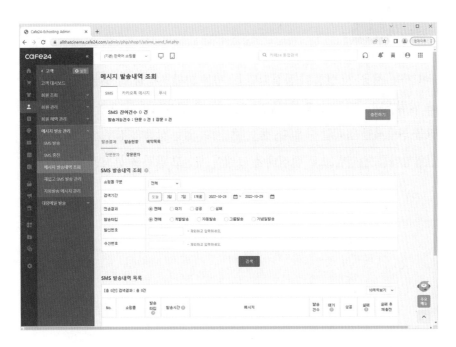

발송결과, 발송예약 목록, 메시지 전송 결과 등을 확인할 수 있다.

4) 재입고 SMS 발송관리

재입고 SMS 발송관리는 품절된 상품이 재입고될 경우 재입고 알림을 신청한 고객에게 SMS를 발송할 수 있다.

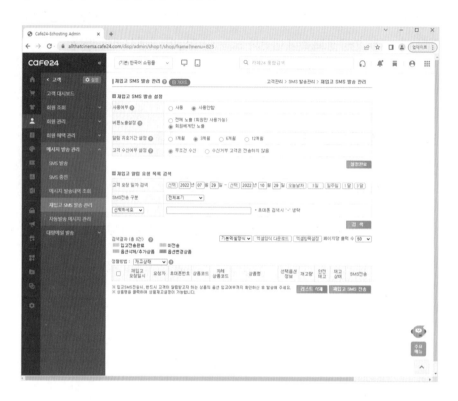

이 기능 '사용' 시 상품이 품절되면 [쇼핑몰 화면 > 상품 상세페이지]에 '재입고 알림 SMS' 버튼이 표시되는데 이 버튼을 클릭하면 고객이 SMS를 수신받을 연락처를 입력할 수 있다. 품목(옵션)이 있는 상품의 경우 품절된 품목의 진열상태를 '진열함'으로 설정해야 고객이 재입고 알림을 신청할 수 있다.

5) 자동발송 메시지 관리

자동 발송되는 메시지를 관리하는 기능이다.

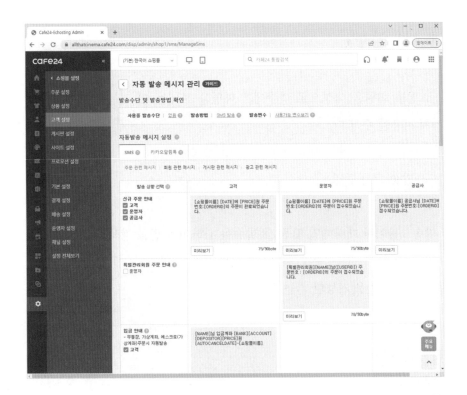

현재 '사용중'인 발송수단이 표시된다. 서비스 '사용/사용안함' 은 [관리자] 쇼핑몰 설정 〉 고객 설정 〉 메시지 설정 〉 메시지 사용 설정 에서 설정할 수 있다. 상황별 SMS 메시지를 직접 변경하여 사용할 수 있는데 주문/회원/게 시판/광고 관련 각 유형 클릭 시 해당하는 메시지를 확인할 수 있다. 각 메시 지별로 직접 발송 상황별 메세지를 수정할 수 있고, 체크박스를 선택하여 수신 대상을 선택할 수 있다.

(6) 대량메일 발송

쇼핑몰 회원을 대상으로 다수에게 메일을 보낼 수 있다.

1) 대량메일 발송

쇼핑몰 회원을 대상으로 다수에게 메일을 보내는 이 기능은 본인인증을 거쳐 사용할 수 있다.

2) 발송 그룹 관리

발송그룹이란 대량메일 및 SMS 발송을 위하여 회원을 검색조건별로 분류하여 관리할 수 있는 주소록이다. 대량메일과 SMS 발송 시 생성한 그룹을 주소록으로 활용 가능한 기능이다.

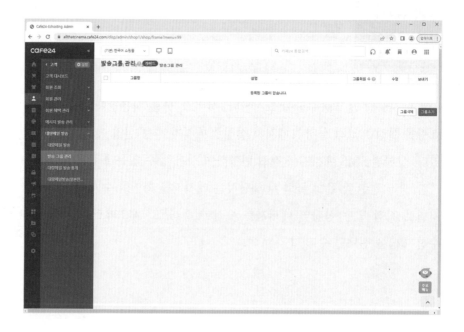

3) 대량메일 발송 통계

대량 메일 발송 후에 전달 성공 여부 등에 대해 통계를 활용할 수 있다.

4) 대량메일발송(일본전용)

일본 전용으로 대량메일 발송 서비스 이용이 가능하다.

4. 게시판

카페24 쇼핑몰 관리자에서는 13개의 기본 게시판을 쇼핑몰마다 동일하게 무료로 제공한다. 기본으로 제공하는 게시판은 삭제가 어려운데 게시판 표시를 원하지 않는다면 게시판 설정 팝업에서 '사용 안함'으로 변경해야 한다. [관리자] 쇼핑몰 설정 〉 게시판 설정 에서 확인할 수 있다.

다만, 필자로서는 여러분들에게 쇼핑몰 운영에 있어서 게시판 사용은 적극 활용하기를 추천한다. 왜냐하면 게시판의 활용도 측면은 차치하고서라고 일단은 게시판이 적당히 있어야만 고객에게 신뢰감을 줄 수 있는 요인이 된다.

생각해 보자. 쇼핑몰에 갔는데 한참 둘러봐도 게시판이 없다고 해보자. 쇼핑몰 관리자에게 궁금한 게 있고 물어볼 문의내용이 있는데 게시판이 없다? 그 수가 적다? 고객으로선 고객과 소통하지 않는 쇼핑몰이라는 인식을 가질 수 있다.

(1) 게시판 대시보드

게시판 용량 현황을 확인 가능 하다. 사용할수 있는 게시판 종류를 확인하고 사용 여부를 선택하는데 도움될 수 있다.

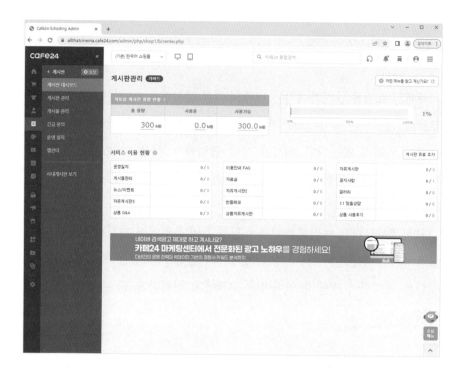

기본 게시판은 쇼핑몰마다 동일하게 제공되며, 삭제할 수 없다. 게시판 제목 클릭시, 각 게시판의 설정 화면이 팝업으로 표시된다. 기본 게시판의 노출을 원치 않을 경우 게시판 설정 팝업에서 항목 '게시판 사용여부'을 '사용안함'으로 변경하도록 하자. 무료 제공된 게시판은 '기본', 부가서비스에서 게시판 이용 신청(유료) 후 추가한 게시판은 '추가'라고 게시판 유형에 표시된다.

(2) 게시판 관리

공지글/고정글 출력개수는 디자인수정창에서 편집 가능하다.

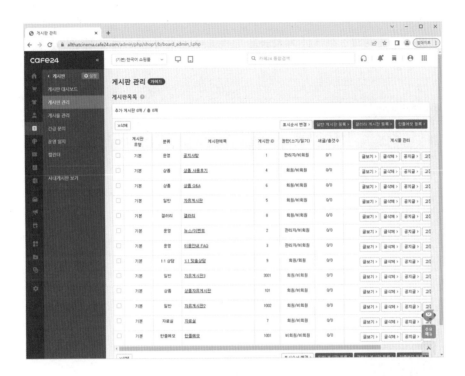

쇼핑몰에 게시판이 필요할 경우 게시판을 [유료로 추가 신청]하여 사용 가능하고 쇼핑몰에 일반 게시판, 갤러리 게시판, 한줄 메모 게시판을 추가하여 사용 가능하다. 자료실 첨부파일 용량이 부족할 경우 [자료실 용량 추가] 가능하고 스팸게시물 설정을 통해 스팸 차단이 가능하다.

(3) 게시물 관리

'설정' 클릭 시 '목록표시설정'을 이용하여 게시글 목록에 노출되는 항목을 추가할 수 있다. 선택한 게시글을 공지글로 설정하거나 해제 할 수 있다. 글고정 지정 / 해제 : 선택한 게시글을 고정글로 설정하거나 해제 할 수 있다.

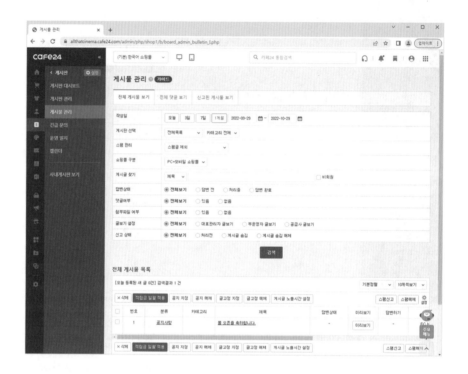

공지글로 등록 된 글은 글고정으로 설정 할 수 없으며, 글고정 설정 된 게시글은 공지글로 등록할 수 없다. 스팸아이콘과 스팸글은 관리자페이지에만 노출되며, 쇼핑몰 고객에게는 보여지지 않는다.

(4) 긴급 문의

쇼핑몰의 긴급 문의 기능을 통해 접수된 문의 게시 글을 관리할 수 있다.

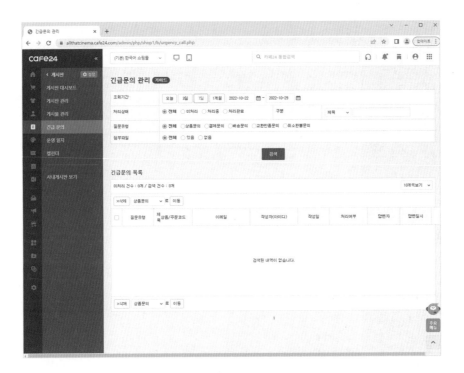

긴급 문의 관리 및 설정은 검색 조건을 설정하여, 접수된 긴급 문의를 조회할 수 있다. 해당 게시 글에 대한 답변을 하거나 다른 게시판으로 이동 처리할 수 있다.

(5) 운영 일지

쇼핑몰 운영을 하며 이야기를 기록하고 관리하실 수 있다.

쇼핑몰 운영에서 배우는 경험도 좋고 사업상 아이디어를 기록해도 좋다. 또한, 운영일지를 고객 소통 및 마케팅 도구로 활용하실 수도 있다.

(6) 캘린더

쇼핑몰 일정을 캘린더 형태로 관리할 수 있다.

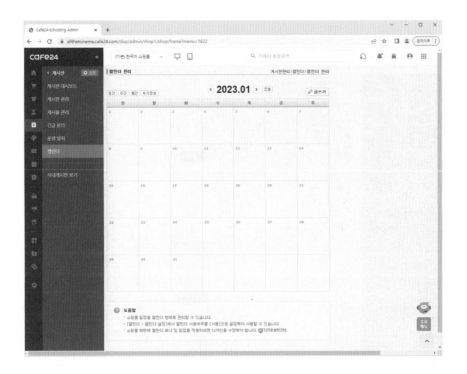

[캘린더 > 캘린더 설정]에서 캘린더 사용여부를 [사용]으로 설정해야 사용할 수 있다. 쇼핑몰 화면에 캘린더 배너 및 팝업을 적용하려면 디자인을 수정해야 한다.

(7) 사내게시판 보기

사내게시판 글작성은 게시물의 수정, 삭제는 작성자와 대표운영자만 가능하다.

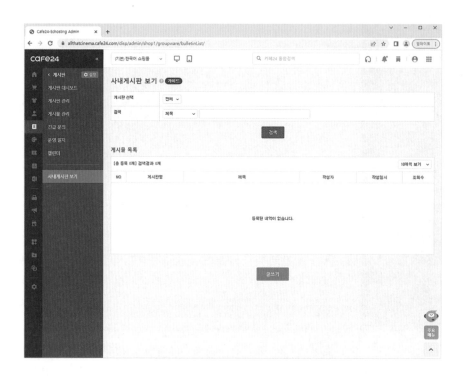

사내게시판 목록은 설정한 조건에 따라 검색 결과가 게시물 목록 영역에 구성된다. 게시판명, 제목, 작성자, 작성일시, 조회수 정보를 확인할 수 있고 게시판을 선택하여 게시물을 작성할 수 있다.

5. 디자인(PC/모바일)

쇼핑몰 디자인에 대해 알아보도록 하자.

다만, 앞서 설명한 바와 같이 심플하게 완성하는 쇼핑몰 디자인은 이미 여러분도 알고 있다. 사진 찍고 사이즈 조절해서 업로드하면 나머지는 기존에 구성된 대로 표시되는 방식이다. 사실 쇼핑몰 창업과 운영은 거기까지가 전부라고 할 수 있다. 초보자 입장에선 말이다.

그러나 사람 마음이란 게 내 쇼핑몰이 더 예쁘게 보이고 싶고 내가 판매하는 상품들이 더 돋보이게 하고 싶어지는 게 당연하다. 근데 그러려면 쇼핑몰 디자인을 특색있게 꾸며야 하는 것도 중요하다.

어떻게 할 것인가?

여러분도 알고 있지만 운전 초보자에게 운전을 맡기면 불안할 것이다. 같은 이치다. 쇼핑몰 초보자인데 다른 날고 긴다는 쇼핑몰들처럼 멋진 쇼핑몰을 갖고 싶다고 해서 가져지는 것은 아닐 것이다. 물론, 필자의 이야기는 여러분이 스스로 쇼핑몰을 꾸미고 만들 수 있는 기술이나 능력이 없다는 것을 전제해서 하는 이야기다.

그래서 많은 사람들은 디자이너를 고용하고 외주 디자이너에게 의뢰를 한다.

"우리만의 쇼핑몰로 멋있게 만들어주십시오!"

적지 않은 금액을 투자한다. 그러면서 생각한다. 여러분 스스로 하려는 것보다 시간 대비 추자라고 여긴다. 맞다. 옳다. 하지만 필자의 이야기는 조금 다른 게 여러분이 원하는 쇼핑몰대로 멋있고 예쁜 쇼핑몰을 만드는 것은 처음부터 시도하지 말고 우선은 쇼핑몰 운영을 익히면서 하나씩 만들어가라고 제안하고자 한다.

쇼핑몰 한두 달 하고 그만둘 게 아니라면 꾸준히 운영할 것이라면 그렇다. 그래야 쇼핑몰 고객들도 여러분의 쇼핑몰의 발전과 함께 한다고 생각할 것이다. 상품 가짓수도 늘어나고 고객도 많이 생기고 매출도 올라갈 것이다.

이 단락에서는 쇼핑몰의 디자인에 대해 알아보도록 하며 기본적인 구성과 운영에 대해 익히도록 하자. 프로그램 소스코드를 바꾸고 변경하고자 한다면 디자이너에게 맡기는 것도 추천한다. 카페24에서 지원하는 여러 서비스를 이용하도록 하자.

(1) 디자인 대시보드

쇼핑몰 화면 디자인을 만들고, 관리할 수 있다. 카페24는 다양한 디자인 툴과 편리한 디자인 시스템을 제공하고 있으므로 자신의 브랜드에 맞는 디자인을 적용하여 고객 방문을 유도하고, 매출을 상승시켜보자.

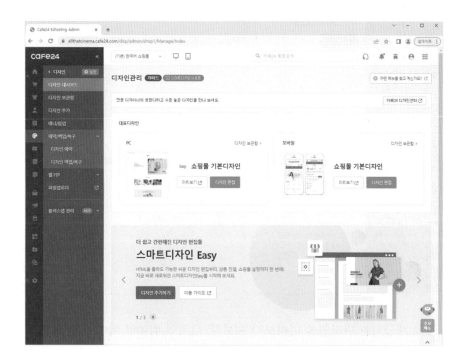

사람에게 첫인상이 있다면 쇼핑몰에겐 디자인이 있다.

쇼핑몰 디자인은 사람의 첫인상처럼 고객이 만나는 쇼핑몰의 첫 이미지와 연결되기 때문에 쇼핑몰 운영 목적이나 취급하는 상품에 따라 적절한 디자인을 하기를 추천한다. 다만, 쇼핑몰 디자인은 한번 만들고 계속 사용하는 게 아니다. 매주 변화가 있고 매일 바뀌는 쇼핑몰도 있다. 트렌드에 맞춰 쇼핑몰 디자인도 변화를 가져보는 게 좋다.

쇼핑몰 초보자를 위해 제공되는 기본 디자인을 이용해도 좋다.

카페24에서는 무료 디자인으로 쇼핑몰을 만드는 기본 스킨을 제공한다. 또한 부분마다 개성대로 변경할 수도 있다.

(2) 디자인 보관함

최대 30개의 디자인을 보관할 수 있다. 유료디자인은 무제한 추가 가능하다.

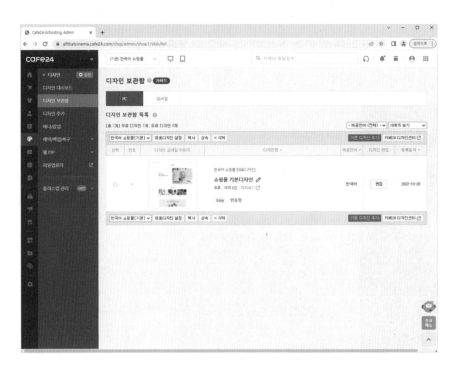

무료 제공되는 디자인을 미리보기 해보자. 디자인 썸네일 이미지에 마우스
커서를 올리고 클릭한다.

FASHION CAMPAIGN

컬렉바케이션 아이템들을 영상 속에서 만나보세요

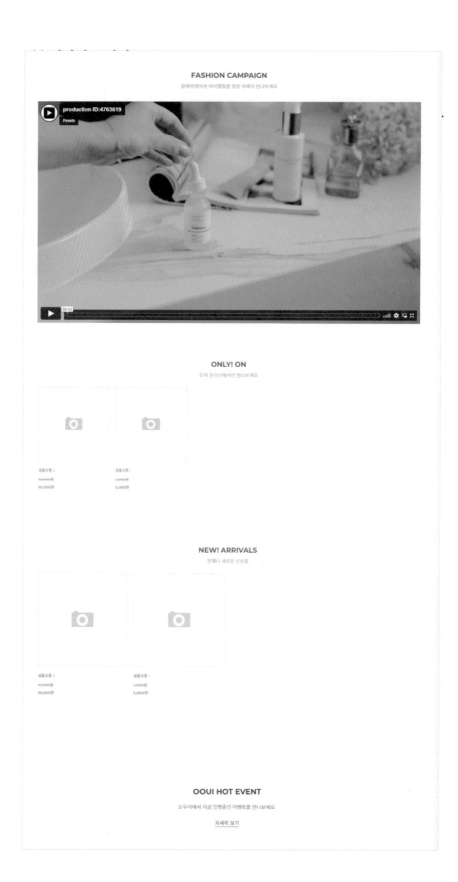

ONLY! ON

오직 온라인에서만 만나보세요

샘플상품 2
~~10,000원~~
10,000원

샘플상품 1
~~5,000원~~
5,000원

NEW! ARRIVALS

언제나 새로운 신상품

샘플상품 2
~~10,000원~~
10,000원

샘플상품 1
~~5,000원~~
5,000원

OOUI HOT EVENT

오우이에서 지금 진행중인 이벤트를 만나보세요.

자세히 보기

대략적인 구성을 알 수 있다.

한눈에 보기에도 디자인이 좋다. 이렇게 구성해서 사진은 변경하고 상품을
올리고 당장이라도 판매를 시작할 수 있다.

(3) 디자인 추가

최대 30개까지 무료 디자인을 추가할 수 있다,

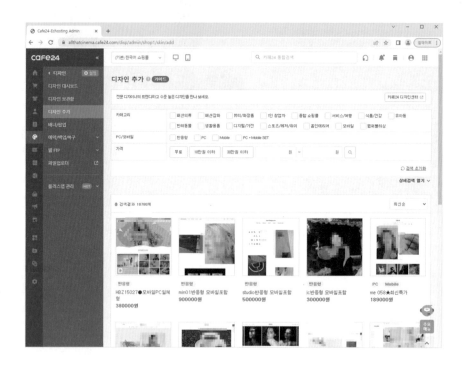

디자인을 클릭하면 해당 디자인의 카테고리명, 스타일, 레이아웃, 가격 등의 상세 정보를 확인할 수 있다. 무료 디자인으로 제공되는 해당 디자인의 내용은 개별 디자이너가 제공한 것으로 카페24(주)는 그 등록내용에 대하여 일체 책임을 지지 않는다. 추가한 디자인은 [디자인보관함]에서 확인이 가능하며, 대표디자인으로 설정하면 쇼핑몰에 실제로 적용된다.

(4) 배너/팝업

배너, 팝업은 사이트에 보여지는 작은 창이다.

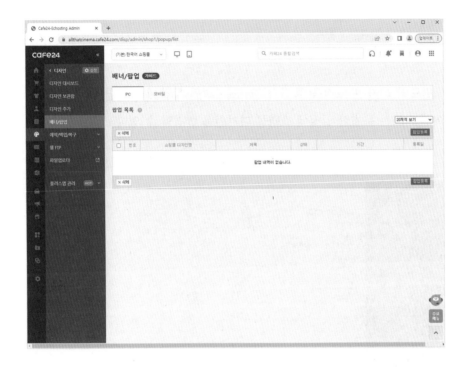

배너 팝법은 쇼핑몰 페이지 어디든 표시할 수 있다. 쇼핑몰에 방문한 사람들을 대상으로 다양한 이벤트, 공지사항 등 내용을 알려보자.

(5) 예약/백업/복구

디자인 예약 및 복구 기능이다.

1) 디자인 예약

별도의 디자인 스킨을 특정 시간 또는 회원 등급에 노출할 때 사용한다. 이벤트 또는 특별한 일정에 쇼핑몰 디자인을 변경할 수 있다.

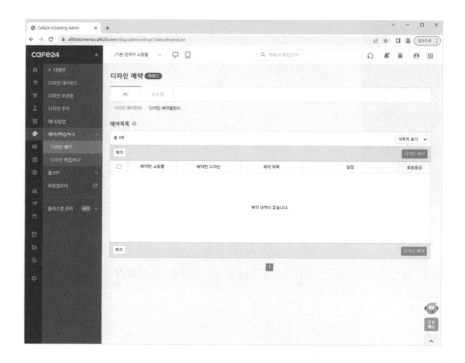

예약목록에서 예약관리 기능으로 예약된 디자인은 설정한 "예약 회원등급" 및 "예약 기간" 에 맞추어 적용 된 후, 설정된 예약기간이 종료되면 기존의 대표디자인으로 돌아온다.

2) 디자인 백업/복구

쇼핑몰 디자인 파일을 관리하는 백업 및 복구 기능이다.너, 팝업은 사이트에
보여지는 작은 창이다.

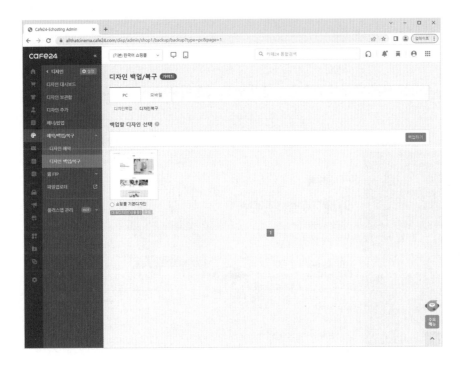

자동 또는 수동으로 디자인 파일을 저장할 수 있는데 만에 하나라도 손상된
디자인이 있더라도 걱정하지 않아도 된다. 저장된 디자인 파일은 복구할 수
있다.

(6) 웹FTP

인터넷에서 바로 파일을 업로드할 수 있는 서비스다. 하드용량과 트래픽을 무제한으로 제공한다.

1) 서비스 안내

쇼핑몰 관리자 페이지에서 이미지 업로드를 바로 진행 가능하다.

용량 또한 무제한이라서 얼마든지 사용 가능하고 트래픽이 무제한이라서 고객이 늘어나도 문제 없다. 게다가 설치비, 유지비가 무료다.

2) 웹FTP 접속

파일 업로드는 크롬이나 파이어폭스 등의 웹 브라우저에서 사용할 수 있다.

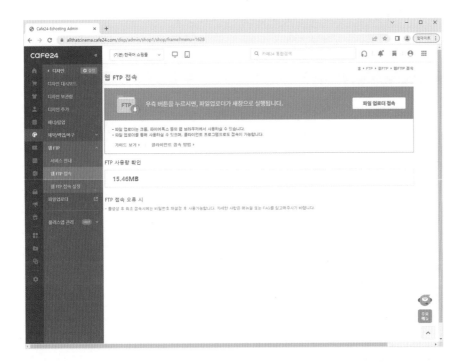

　FTP 접속 오류가 있다면 쇼핑몰을 생성한 후에 처음 접속하는 비밀번호 재설정 후 사용가능하다.

3) 웹FTP 접속 설정

　FTP에 접속 설정하는 기능이다. 쇼핑몰 관리자 본인인증 후에 사용할 수 있다.

(7) 파일업로더

한 개당 5MB이하, 1회에 100개 이하, 폴더당 1000개 까지 업로드 가능하다. 이미지와 HTML/CSS/JS, 웹폰트(eot,woff,ttf)파일을 업로드 할 수 있다.

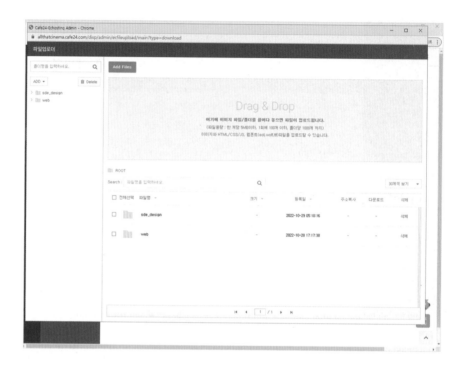

〈폴더 이용〉

1) 파일 등록 : 'Drag & Drop' 영역에 이미지 파일 또는 폴더를 끌어다 놓는다.

2) 폴더 검색 : 파일 업로더에 등록된 폴더명을 검색할 수 있다.

3) 폴더 생성 : 'ADD'를 눌러 폴더를 추가할 수 있다

　　　　　　폴더 한 개에 이미지 1000개까지 등록할 수 있다.

4) 폴더 삭제 : 폴더를 선택하여 삭제할 수 있다.

　　　　　　삭제된 폴더 안에 파일은 모두 삭제되고 복구하기 어렵다.

(8) 플러스앱 관리

카페24 플러스앱 서비스란 쇼핑몰 앱 서비스를 의미한다.

모바일 웹(Web)과 앱(App)의 장점으로 활용 가능하며 회원등급별 푸시 메시지 발송, 앱 디자인 변경, 앱 전용 쿠폰함 설정 등의 앱 관리 기능을 제공한다. 주요 기능으로는 푸시 관리, 앱 디자인 설정, 앱 기능 설정, 앱 마케팅 기능, 앱 혜택 설정 등이 있고 관리자 기능으로 앱 등록 정보, 앱 통계 분석, 앱 환경 설정 등이 있다.

[필자 주] 쇼핑몰을 컴퓨터에서, 스마트폰으로 모바일 웹에서 사용 가능한데 거기에 '앱'으로 제작되어 앱만의 특성을 이용한다면 쇼핑하기에 편리하고 고객들에게도 도움될 게 분명해 보인다.

가령, 앱을 통한 구매하는 고객에게 쿠폰, 적립금, 할인 등 추가혜택을 제공해주는 게 가능하다. 게다가 앱에서 쇼핑이 이뤄진 통계를 이용할 수 있어서 단골 고객 확보에 도움될 것으로 보인다.

6. 통계

쇼핑몰을 운영하는데 필요한 통계에 대해 알아두도록 하자.

통계는 매출, 순매출 등 판매금액에 따른 통계도 있고 판매순위, 장바구니 순위처럼 상품 관련 통계도 있다. 그리고 자주 방문 회원 순위, 구매액 상위 순위, 인기상품 순위로도 구분되는데 이러한 통계는 주별, 월별, 연간으로 나누면서 쇼핑몰 운영하는데 큰 도움이 될 수 있다.

그 외에도 검색어 순위, 쇼핑몰 유입 경로 순위 등처럼 각자 나름의 자료화 가능한 통계를 만들어서 쇼핑몰 운영에 참고할 수 있다. 이처럼 사업은 통계 가 중요하다. 쇼핑몰 운영도 사업이고 통계의 중요성에 대해 알아두는 기회로 삼자.

[필자 주] 이 책에서 소개하는 각 기능들이나 화면 들은 임의적이고 편의상 일정 부분만 표시될 수 있으므로 자세한 내역이나 화면 등의 정보는 반드시 카페24에서 각 기능별 화면을 참조하도록 하자.

(1) 통계 대시보드

쇼핑몰이 운영되면서 누적되는 자료에 의해 각종 통계를 확인할 수 있다.

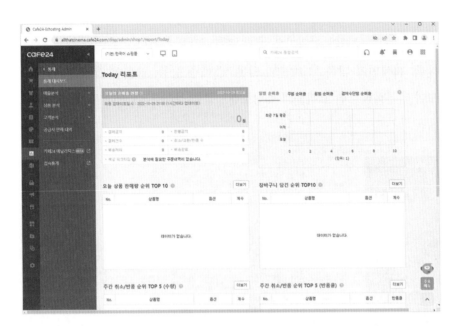

판매량 순위, 장바구니 순위처럼 고객들이 선호하는 상품 순위에 대한 통계가 있고 반면에 쉬소상품 순위, 반품상품 순위처럼 개선책을 필요로 하는 통계도 있다. 이러한 통계는 주별, 월별 등, 일정 주기별 자료에 의해 통계로 나타난다.

(2) 매출분석

쇼핑몰 매출에 따른 통계를 통해 운영 상태를 분석하자. 기간별 매출통계, 결제수단별 매출, 쇼핑몰별 매출을 알 수 있다.

매출분석은 쇼핑몰의 매출에 따른 상품순위 등의 자료에 의한 것이고 관리자마다 그 분석이 다를 수 있다. 또한, 집계 기준에 따라 천차만별 다양한 결과치가 나오기도 한다. 그러므로 쇼핑몰에서 확보할 수 있는 자료를 모으고 분석하는데 숙달되도록 해서 개선책을 준비하는데 활용하도록 하자.

1) 일별 매출

주문경로에 의해 순매출을 산정할 수 있다. '오늘'을 기준으로 3일, 7일, 1개월, 3개월, 6개월, 특정기간 매출을 집계해서 확인할 수 있다. 일별 매출 분석은 주로 날씨와 연관지을 때가 종종 있다. 비 오는 날 매출과 추운 날 매출, 미세먼지 많은 날 매출과 맑은 날 매출 등등. 날씨와 각 일별 매출을 모아서 분석해보면 고객들의 쇼핑트렌드를 분석해볼 수 있다.

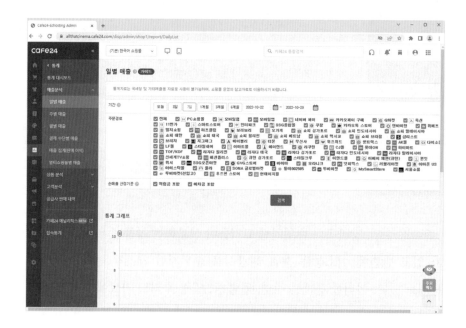

다만, 이러한 매출집계는 각 유입 쇼핑몰별 실제매출과 오차가 있을 수 있다는 점을 이해하도록 한다. 가령, 무통장입금 결제를 했다가 취소하고 신용카드로 주문하는 경우, 카드 주문했다가 취소하고 무통장입금하는 경우 등, 다양한 사례가 가능하기 때문이다.

2) 주별 매출

최소 2주차부터 52주차별 매출을 확인할 수 있다. 가령, 어느 달의 각 주차별 매출을 확인하는 경우를 생각해보자. 월 초인지, 중순인지 말경인지에 따라 쇼핑몰에 준비해야할 상품의 종류와 수량을 계산해볼 수 있다. 월급날이 매월 25일인 고객들이 많다면 월말과 월초에 매출이 높을 수 있고 월 중순마다 매출이 높다면 급여일 기준이 아닌, 소득수준에 따른 쇼핑이 이뤄지고 있다는 식으로 분석해볼 수 있다.

주별 매출도 각 유입 쇼핑몰별 실제매출과 오차가 있을 수 있다는 점을 이해하도록 한다. 가령, 무통장입금 결제를 했다가 취소하고 신용카드로 주문하는 경우, 카드 주문했다가 취소하고 무통장입금하는 경우 등, 다양한 사례가 가능하기 때문이다.

3) 월별 매출

특정 월부터 월까지, 기간에 해당되는 매출을 확인할 수 있다. 1년 12개월 가운데 어느 달 매출이 높고 낮은지 분석해서 높은 달엔 그 이유가 무엇인지 추정하고, 낮은 달엔 그 이유가 무엇인지 추정하다보면 각 월별 매출을 상승시킬 수 있는 전략을 세울 수 있다.

월별 매출도 각 유입 쇼핑몰별 실제매출과 오차가 있을 수 있다는 점을 이해하도록 한다. 가령, 무통장입금 결제를 했다가 취소하고 신용카드로 주문하는 경우, 카드 주문했다가 취소하고 무통장입금하는 경우 등, 다양한 사례가 가능하기 때문이다.

4) 결제 수단별 매출

결제 수단별 매출을 확인할 수 있다. 결제수단별 매출은 신용카드인지, 체크카드인지, 어느 은행 신용카드인지, 현금결제인지 등에 따라 결제수단별 판매상품에 대한 통계도 확인 가능하다. 이러한 매출을 분석해보면, 쇼핑몰 고객의 쇼핑 여력을 추정할 수 있게 되고 그에 맞는 상품구색을 갖추는데 자료로 활용할 수 있다.

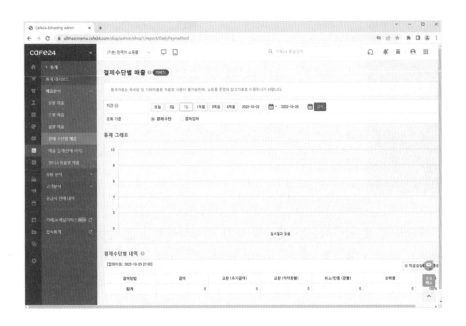

결제수단별 매출도 환불철회, 입금상태 변경 등으로 중복 집계로 인한 오차가 발생할 수 있다는 점을 염두에 두도록 하자.

5) 매출집계(판매 이익)

순매출에서 순매입을 **빼고** 판매이익을 확인할 수 있다.

매출을 집계하는 이유는 세금을 내기 위해서라고만 할 수는 없다. 물론, 매출을 알아야 세금을 낼 수 있지만 말이다. 쇼핑몰 관리자라면 그 이상의 귀중한 자료를 분석해서 쇼핑몰을 발전시키는데 도움을 줄 수 있다.

생각해보자.

일매출, 월매출, 기간별 매출을 집계해서 금액을 뽑아보자. 이때는 얼마 벌고 저때는 얼마 벌었네? 물론, 쇼핑몰을 운영해서 돈을 얼마나 벌었는지 알 수 있다. 하지만 거기서 끝이면 안 된다.

판매이익을 보자.

예를 들어, 이번 달 순매출이 높았다. 그런데 순매입이 적었다. 그렇다면 이번 달 판매이익은 높게 된다. 그런데 지난 달 순매출이 적었던 반면에 순매입이 많아서 판매이익이 크게 적었다. 그렇다면 이 자료를 갖고 그 이유가 무엇인지 분석해야 한다. 매입이 늘었던 이유가 무엇인지 찾아서 해결책을 만들어야 한다. 그래야 판매이익을 높일 수 있다.

6) 멀티쇼핑몰별 매출

여러분이 운영하는 쇼핑몰별 매출을 확인할 수 있다.

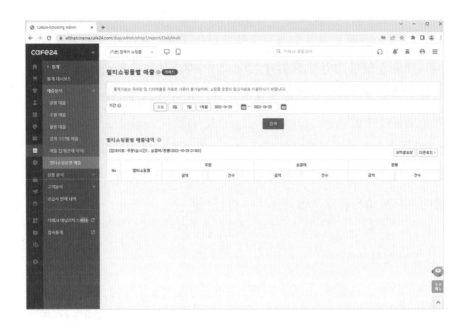

이제 막 시작한 초보자라면 좀 어려운 일일 수도 있다. 그런데 어느 정도 숙달되고 경력이 쌓이다보면 쇼핑몰들을 여러 개 운영하게 된다. 예를 들어, 신발 쇼핑몰, 모자 쇼핑몰, 액세서리 쇼핑몰처럼 아이템별로 특화된 쇼핑몰을 운영할 수도 있고, 남자옷 쇼핑몰이나 여자옷 쇼핑몰처럼 고객이 다른 쇼핑몰을 운영할 수도 있다.

'아닌데? 나는 오로지 하나의 쇼핑몰만 제대로 잘 운영할건데!'

물론, 그럴 수도 있다. 그런데 하다보면 그게 그렇게 안 될 수 있다. 쇼핑몰 운영이 손에 익게 되고 쇼핑몰을 하다보니 잘 팔리는 아이템이 눈에 보이게 된다. 어떻게 만들어서 어디에 홍보하면 많이 팔리겠다는 '감'이 생긴다.

그뿐 아니다. 쇼핑몰 운영하면서 알게 된 거래처에서 상품 제안이 온다. 이건 어떻고 저건 어떻고 장점들이 많다. 그런데 지금 운영하는 쇼핑몰로서는 콘셉트가 맞지 않는다면?

(3) 상품 분석

상품분석에 대해 알아보자.

어떤 상품이 매출이 높다는 차원보다는 각 상품마다 매출 순위, 카테고리 순위, 브랜드 순위 등처럼 고객들이 많이 찾는 상품을 모아서 그 이유를 분석하고 매출을 높일 방안을 세워야 한다. 또한, 쉬소상품 순위, 반품상품 순위처럼 고객이 변심하거나 반품이 많은 상품을 모아서 그 원인을 분석하고 대책을 만들어야 한다.

상품분석이란 어느 상품이 어디가 예쁘다 분석하는 게 아니다. 상품의 장단점을 분석하는 게 아니라 상품이 팔리는 이유, 반품되는 이유, 취소되는 이유를 분석해서 쇼핑몰 운영에 적용해야 하는 이유다.

1) 판매 상품 순위

국내에서 잘 팔렸는지, 해외에서 잘 팔리는지 분석하고 PC쇼핑몰인지 모바일쇼핑몰인지 확인하자. 모든 상품이 한 곳에서만 잘 팔리는 건 아니다. PC 쇼핑몰에서 잘 팔리는 상품이 잇는 반면 모바일 쇼핑몰에서 잘 팔리는 상품이 있다. 그리고 잘 팔리는 상품인데 고개의 연령대가 다른 경우가 있다. 성별도 다른 경우가 많다.

판매순위가 높은 상품을 분석하면서 그 이유를 찾아내고 매출증대를 할 수 있는 전략을 세우는 게 중요하다.

2) 판매 분류 순위

예를 들어, 패션의류라고 해보자. 아우터 제품인지, 스커트인지, 속옷인지, 티셔츠인지 각 분류가 다를 것이다. 이 경우, 판매량이 높은 분류를 모으고 분석하는 기능이다.

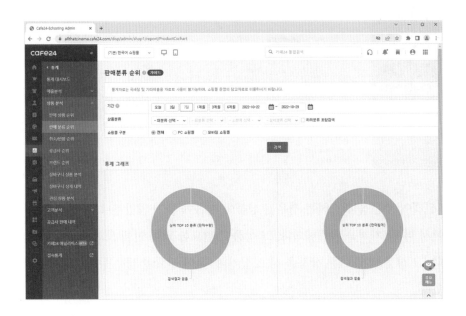

가령, 1월이라고 해보자. 아우터 제품이 매출이 높았다면 어떤 분석이 가능할까? 학생들에겐 겨울방학 시즌이다. 직장인들에겐 추운 달이다. 새해라서 해돋이 관광객이 늘어났을 수도 있다. 그런데 뉴스를 봤더니 해돋이 관광명소를 찾는 인파가 예년보다 적었다고 한다. 여러분의 분석은 어떤가?

이처럼 매출이 높은 분류를 추려서 분석을 하는 게 중요하다. 어느 기간에 어느 분류의 상품이 매출이 높거나 낮았다면 그 이유와 원인을 찾아서 쇼핑몰 운영에 적용키시도록 한다.

3) 취소/반품 순위

취소된 주문, 반품된 주문 건에 대해 자료를 분석해보자.

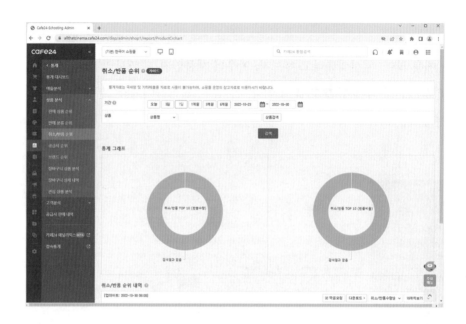

고객이 주문을 취소하는 경우는 상품이 마음에 들지 않았거나, 다른 쇼핑몰에서 더 싼 가격을 발견했거나, 그 상품이 필요한 날짜 안에 도착하지 못하거나, 그 상품 말고 다른 상품을 사고 싶거나, 돈이 필요한 경우 등이라고 할 수 있다.

반품하는 경우는 상품에 하자가 있거나, 상품 주문 과정이나 문의 과정에서 쇼핑몰 측에 불만이 있거나, 상품을 실제로 보니 마음에 들지 않아서 등이라고 할 수 있다. 그렇다면 취소 주문 건, 반품 건 통계를 모으고 분석해보면 그 이유와 원인을 찾을 수 있는데 이러한 분석을 통해 쇼핑몰의 상품 개선, 고객 응대 개선, 주문부터 배송까지 기일 단축을 시키는데 적용해야 한다.

4) 공급사 순위

공급사 순위를 통해 쇼핑몰과 함께 하는 공급사를 활용하는데 도움되는 기능이다. 매 시간마다 업데이트 되는 공급사 순위를 통해 공급사별 판매규모를 확인할 수 있다.

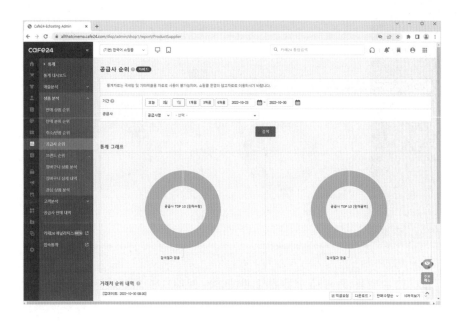

가령, 여러분의 쇼핑몰이 상품을 받는데 있어 A 공급사와 B 공급사와 거래한다고 해보자. 매 시간 매출이 집계되는데 A 공급사에서 받은 상품이 매출규모가 더 크다. 그렇다면 여러분은 A 공급사와 거래를 늘리고 더 많은 상품을 들여오는 게 이익이다. 이처럼 공급사별 순위는 판매규모 추이에 따라 거래량을 늘리거나 줄이는데 활용할 수도 있다.

5) 브랜드 순위

쇼핑몰에서 판매하는 브랜드 순위를 분석해보자.

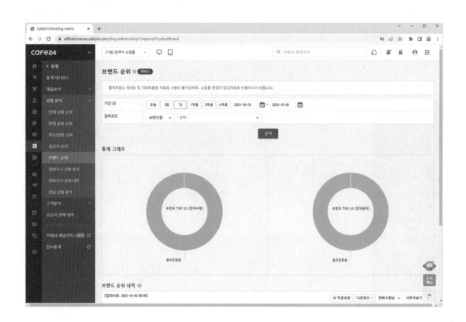

브랜드 순위를 통해 쇼핑몰에서 판매하는 브랜드를 파악하는데 도움되는 기능이다. 매 시간마다 업데이트 되는 브랜드 순위는 고객들이 좋아하는 브랜드 판매 추이를 파악할 수 있다. 그 결과, 쇼핑몰에서는 판매 순위가 높은 브랜드 상품을 더 들여와서 판매하는 게 이익이 될 것이다.

6) 장바구니 상품 분석

고객이 어떤 상품을 장바구니에 담았는지 파악할 수 잇는 기능이다.

장바구니에 고객이 상품을 담은 정보는 7일 동안 저장되는데 [쇼핑몰 설정 > 주문 설정 > 주문 정책 설정 > 주문 시 설정]에서 그 기간을 설정할 수 있다. 그러므로 기간이 지나면 장바구니 정보를 확인할 수 없다. 또한, 장바구니에 담긴 상품을 고객이 실제 주문한다면 장바구니 정보에서 제외된다.

다시 말해서, 어떤 사람이 시장에 가는데 어떤 어떤 상품을 사야겠다고 하고 마음 먹고 가는 것을 알 수 있다는 의미다. 판매자로서는 이만큼 더 유용한 자료가 없을 것이다. 고객의 마음을 이미 알고 있는데 더 이상 무슨 자료가 필요할까? 장바구니 정보를 잘 분석해서 쇼핑몰에 고객이 필요로 할 만한 상품들을 구비해두도록 하자.

7) 장바구니 상세 내역

장바구니에 들어간 상품을 분석했다면 그 다음은 장바구니 상세 내역을 확인할 수 있는 기능이다.

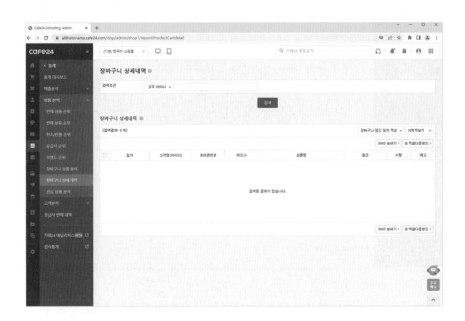

쇼핑몰 회원인 경우 이름과 아이디가 표시되며 이름을 클릭하면 고객의 상세정보를 확인할 수 있다. 비회원인 경우, '고객명(아이디)'에 '비회원'으로 표시된다. 이 자료는 고객이 입력한 상세정보를 통해 그 고객이 장바구니에 담은 상품을 분석하는 기능이다. 이 정보를 활용하면 그 고객과 비슷한 연령대, 직업군, 거주지 등에 연관된 고객들에게도 비슷한 상품 추천을 하는데 활용할 수도 있다.

8) 관심 상품 분석

고객이 관심을 갖는 상품을 분석하는 기능이다.

 고객이 어떤 상품에 관심을 갖고 있는지 확인할 수 있는 기능이다. 이를 통해
고객에게 추천할 상품을 설정할 수 있다. 고객으로선 자신이 관심 갖는 상품
이 눈앞에 보인다면 구매로 연결될 가능성이 더 높아진다.

(4) 고객분석

쇼핑몰에 온 고객의 활동을 분석해서 쇼핑몰 운영에 적용할 수 있는 기능이다. 고객이 어느 요일에, 언제 시간대에, 얼마의 구매 기록을 가진 고객들인지, 어느 지역에 거주하는 회원인지, 그 고객의 적립금이나 예치금은 얼마인지 분석할 수 있다.

이를 통해 이벤트나 마케팅 홍보에 활용할 수 있고 결제완료된 시점이나 배송 관련 업무가 발생한 요일이나 시간대를 분석해서 쇼핑몰 운영에 적용할 수 있다.

이러한 고객 분석이 중요한 이유는 쇼핑몰이 온라인 기반 가게이기 때문이다. 오프라인 가게라면 판매자와 고객이 직접 만나서 이야기하고 필요한 점들을 들을 수 있는데 반해 온라인 쇼핑몰에서는 고객과 판매자가 직접 만나는 일이 거의 없다보니 온라인에서 고객이 남긴 자료를 분석해서 판매자가 고객이 원하는 것을 스스로 알아내야 한다.

1) 요일별 분석

요일별 고객 분석을 할 수 있다.

고객들이 어느 요일에 쇼핑몰 방문을 하는지 확인해보자. 특정 요일에 방문
자가 많다면 그 요일에 맞춰 이벤트를 열거나 신상품을 많이 보여주는 것이
좋다. 상대적으로 고객들이 뜸한 요일이라고 해서 그대로 둘 것은 아니므로
고객들이 쇼핑몰에 항상 자주 올 수 있도록 전략을 세우는데 활용하자.

2) 시간별 분석

시간별 고객 분석을 할 수 있다.

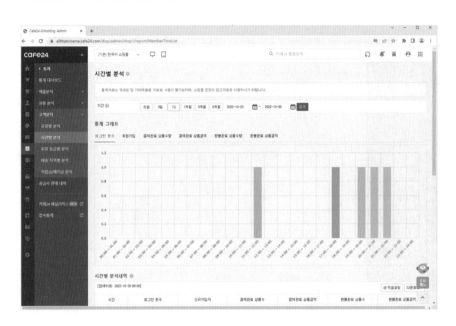

특정 요일, 또는 일주일간 어느 시간대에 고객들이 쇼핑몰에 방문하는지 분석할 수 있다. 이러한 분석을 통해 시간대에 맞춰 이벤트를 진행하거나 특정 상품을 첫 화면에 노출하는 등의 전략을 세울 수 있다.

3) 회원 등급별 분석

회원 등급별 분석을 하는 기능이다.

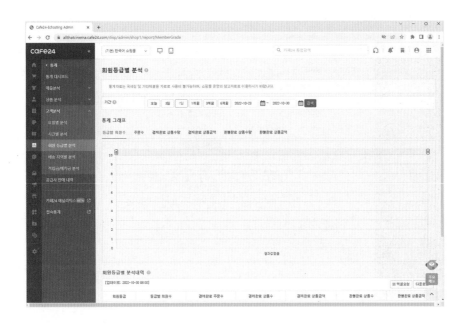

쇼핑몰 회원의 등급에 따라 활동치를 분석할 수 있다. 가령, 구매액의 차이를 통해 해당 고객에게 적합한 상품을 추천해주는 기능으로도 활용할 수 있다.

가령, A 고객은 월 10만 원의 구매를 하는데 B 고객은 월 100만 원의 구매를 한다고 해보자. 쇼핑몰에서는 A 고객의 구매액을 끌어올릴 수 있도록 A 고객에게 적합한 상품을 A 고객에게 더 많이 추천하고 제시해줘야 하고 B 고객에게는 구매액이 줄어들지 않도록 이벤트나 사은품 등의 서비스를 제공해서 구매액을 더 향상시킬 전략을 세우도록 해야 한다.

4) 배송 지역별 분석

상품 배송지별 분석할 수 있는 기능이다.

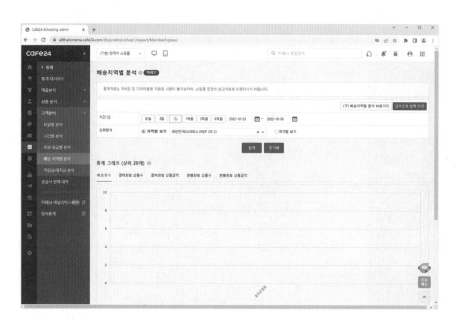

에를 들어, 경기도 지역으로 월 10건의 주문이 이뤄지고 강원도 지역으로 월 5건의 주문이 이뤄졌다고 해보자. 이 쇼핑몰에는 강원도에 거주하는 사람들보다는 상대적으로 경기도에 거주하는 사람들에게 필요한 상품이 많다는 것을 추정할 수 있다. 그렇다면 어떤 상품잇니 다시 분석을 해서 대응할 전략을 세워야 한다. 경기도로 배송되는 상품량이 늘어나도록 하고 강원도로 배송되는 상품도 늘리도록 노력해야 한다.

5) 적립금/예치금 분석

적립금이나 예치금을 분석하는 기능이다.

회원들의 적립금이나 예치금을 분석하고 그 고객들이 주문했던 상품들을 분석해보자. 과거에 그 고객들이 주문한 상품들이 있는데 그 고객은 같은 상품만 주문하고 잇는가, 아니면 새로운 상품들을 주문하고 있는가 알 수 있다. 만약 그 고객이 어느 시점에 주문을 멈췄다면 그 원인을 찾아내서 쇼핑몰 운영에 적용할 수 있다.

(5) 공급사 판매 내역

쇼핑몰과 공급사 사이에 정산 및 판매내역을 확인하는 기능이다.

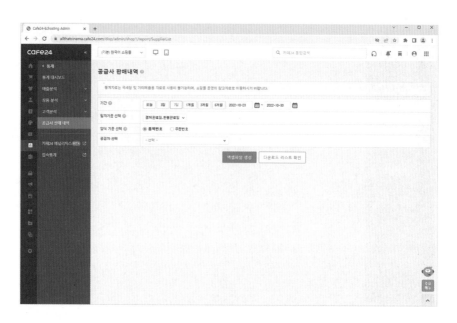

　공급사별 판매내역을 분석해보면 어느 공급사의 상품이 인기이고 매출이 높은지 알 수 있다. 또한, 고객들로부터 취소 또는 반품 요청을 받은 상품의 유무도 확인 가능하다. 그렇다면 이를 통해 공급사와 쇼핑몰 간 거래 규모를 늘리든가 줄일 수 있는 전략을 세워야 한다. 공급사와 쇼핑몰, 쇼핑몰과 고객의 관계에서 쇼핑몰은 공급사로부터 상품을 공급받아 고객에게 판매하는 입장이다. 그러다보니 고객 위주로 운영을 해야하는 게 당연하다 할 것이다.

(6) 카페24 애널리틱스

쇼핑몰의 주요 지표를 확인할 수 있는 기능이다.

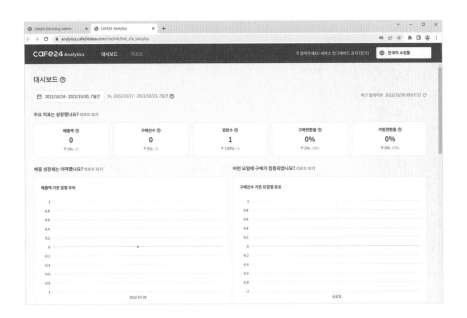

    쇼핑몰의 주요 데이터를 확인할 수 있다. 제목에서 '리포트 보기' 링크를 클릭하면 해당 데이터와 관련된 리포트로 이동할 수 있다. 이 기능을 활용하면 쇼핑몰의 주요 지표를 한눈에 파악해서 필요한 지표 분석으로 곧바로 이동할 수 있어서 시간 절약 측면에서도 도움되는 기능이다.

(7) 접속통계

쇼핑몰 접속 통계를 확인하는 기능이다.

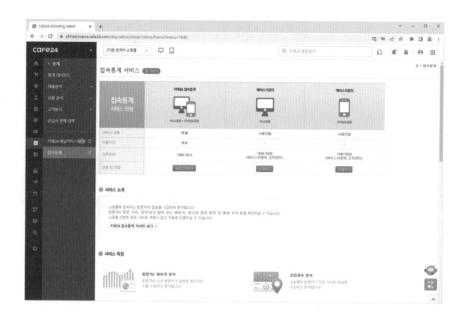

쇼핑몰에 접속하는 방문자의 정보로서 방문자의 방문 추이, 방문자가 많이 보는 페이지, 광고를 통한 방문 및 매출 추이 등을 확인할 수 있다. 이 정보는, 비유하자면, 우라 가게에 오는 손님들이 어디서 오는지 알 수 있는 정보인 셈이다. PC와 모바일에서 오는 방문자의 정보를 확인하면서 그오 연관된 상품 매출 추이를 분석해보고 쇼핑몰 구성에 활용할 수 있다.

7. 통합엑셀

주문 관리, 상품 관리, 고객 관리, 게시판 관리, 프로모션 관련 정보를 엑셀
파일로 요청하여 다운로드받을 수 있다.

(1) 엑셀 파일 요청

쇼핑몰 관련 필요한 정보를 엑셀파일로 다운로드 받는 기능이다.

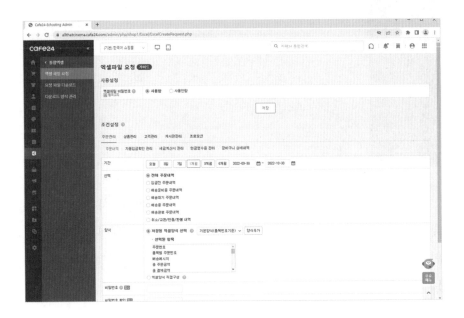

예를 들어, 전체 주문내역, 입금전 주문내역, 배송준비중 주문내역, 배송대기
주문내역, 배송중 주문내역, 배송완료 주문내역, 취소/교환/반품/환불 내역
등의 정보를 엑셀파일로 요청할 수 있다.

(2) 요청 파일 다운로드

엑셀 파일 요청에 따라 생성된 파일 목록을 확인하고 다운로드할 수 있다.

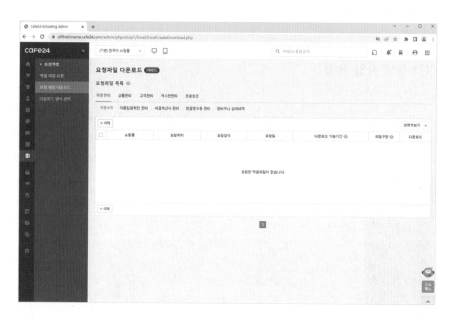

생성된 파일은 7일동안 다운로드 가능하고 7일이 지나면 자동 삭제된다. 대용량 파일은 신청 후 익일 생성되는데 요청일이 오래된 엑셀 파일에는 휴면회원 정보가 포함되어 있을 수 있으므로, 외부로 발송할 땐 엑셀 파일을 새로 요청하도록 한다.

고객관리 엑셀요청의 경우, 데이터 요청 기간과 관계 없이 50,000건 미만은 [일반], 50,000건 이상은 [대용량]인데 대용량 파일은 1일 5회로 요청을 제한하며, 익일 다운로드 할 수 있다.

(3) 다운로드 양식 관리

기본으로 제공되는 양식과 엑셀파일요청 메뉴에서 추가된 양식 내역을 확인할 수 있다.

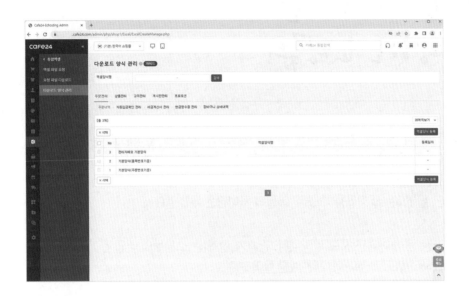

카페24에서 기본 제공된 엑셀 파일 양식과 쇼핑몰에서 직접 구성한 양식을 함께 관리할 수 있다.

돈 버는 쇼핑몰과
망하는 쇼핑몰의 차이점!

이제 막 시작한 쇼핑몰인데 시작한 첫날부터 주문이 들어오고 계속 늘어나서 영업을 시작한 지 한 달 만에 수백만 원, 수천만 원 이상의 매출을 올리는 쇼핑 몰이 있는 반면에, 쇼핑몰을 열었지만 한 달이 지나고 세 달이 지나도록 주문 한건조차 안 들어오는 쇼핑몰들이 있다. 이들의 차이점은 무엇일까?

가장 큰 차이점은 홍보가 아니다. 장사가 잘 되는 쇼핑몰의 비밀은 '가짜 댓글'에 있다고 해도 과언이 아니다. 예를 들어 보자.

사례 1.

만약 여러분이 쇼핑몰에서 상품을 사려고 하는데, 오픈마켓에 들를 경우 어디를 먼저 보는가? 대부분 판매자의 신용등급을 본다. 물건을 많이 팔아본 판매자 인지 알고 싶은데, 이걸 확인하려면 판매자의 등급을 본다. 물건을 많이 팔면 판매자 등급이 올라가기 때문이다.

사례 2.

개인쇼핑몰을 방문해서 쇼핑을 하려는데, 오픈마켓이나 종합쇼핑몰과 다르게 개인쇼핑몰은 어쩐지 불안하다. 다른 사람들이 이용하는 곳인지 확인하고 싶고 대체적인 평가가 어떤지 확인하고 싶다면 어떻게 해야 할까? 상품후기 게시판과 고객 질문답변 게시판을 먼저 볼 것이다. 그리고 공지사항에 올라온 글들의 조회수를 확인하려 들 것이다.

위 사례 1과 사례 2에서 느끼는 바와 같이 쇼핑객은 온라인 쇼핑몰에 대해 의심이 많다. 직접 상품을 보는 것도 아니고, 판매자들이 유명한 판매자가 아니다 보니 불안하기 마련이다. 그래서, 나름의 방법을 강구해서 이것저것 신뢰도를 확인할 수 있는 방법을 짜내기도 한다.

이제부터 눈여겨보자. 인터넷쇼핑몰 중에서 잘 되는 쇼핑몰의 비밀 전략은 이렇다.

사례 1의 경우, 오픈마켓 판매자로 등록한 이후 그냥 기다리기만 하면 물건은 절대 안 팔린다. 진짜 감사하게도 어느 할 일 없는 고객이 상품을 일일이 검색하여 수많은 페이지를 열어보고 내가 올린 상품명하고 똑같은 상품명을 검색하여 쇼핑했다면 그건 행운이다.

그래서 많은 판매자들은 오픈마켓에 올린 물건을 자기가 되사는 방법을 쓴다. 어차피 광고를 해야 상품이 팔리는데, 자기 물건 자기가 되사면 판매 수량이 올라가니 금방 등급도 올라간다. 일반 소비자들이 보기에 등급이 높은 판매자이므로 신뢰를 줄 수 있는 요인이 된다. 그러나 자기 물건 되사기는 올바른 쇼핑몰 운영자로서 갖춰야할 기본이 아니다.

판매자가 자기 상품을 되사느라 지불한 돈? 그건 돈이 크지 않다. 오픈마켓에 지급해야 할 수수료 8~12%만 빼면 그 상품은 다시 신상품이 된다. 자기가 물건을 되샀고 자기 회사로 받아서 창고에서 다시 팔 기회를 기다리면 된다.

사례 2의 경우, 개인쇼핑몰 운영자들은 상품후기 게시판, 고객질문답변 게시판, 공지사항 게시판의 글을 직접 써서 항목 수를 채운다. 매일매일 일정 개수 이상으로 쓰고, 댓글도 달아둔다. 모든 게시판 글은 비공개로 해두어 다른 이용자들이 볼 수 없게 만들어둔다.

이때 그 쇼핑몰을 찾은 사람들은 자기가 몰랐던 인기 쇼핑몰을 발견했다는 놀라움과 함께 안심하고 물건을 구매하게 된다. 때로는 이 단계에서도 의심이 많은 소비자는 가격비교 사이트에 들르거나 블로그 같은 곳을 다니며 해당 제품에 대한 후기를 살펴보는데, 이미 그곳에도 쇼핑몰 운영자가 다녀간 뒤라는 걸 알아야 한다.

블로그를 수십여 개 운영하는 쇼핑몰도 많고, 가격비교 사이트쯤은 이미 섭렵한 사람들이다. 심지어 사이트 방문자 순위를 공개하는 곳에 자사 사이트가 수위를 차지할 수 있도록 페이지뷰 조작 프로그램까지 사용하는 곳도 있다.

어떻게 보면 고객을 완벽하게 속이는 쇼핑몰들이다. 그러나 직접적인 해를 주는 건 아니니 따지고 들 수도 없는 노릇같다.

그렇다면 인터넷쇼핑하면서 후회할 일 만들지 않는 방법은 무엇일까? 그건 바로 각 게시판에 들러 '반품'이나 '교환', '주문취소'를 요구하는 게시글을 찾는 것이다. 쇼핑몰을 홍보하려는 판매자들은 자기 스스로 반품, 교환, 주문취소 같은 글을 올리지 않는다. 이런 글들은 진짜 소비자가 올리는 일이 많다.

그 내용은 색상 불만, 사이즈 불만, 제품 오염 등등이 많은데, 단순 변심도 많다. 쇼핑몰 사진을 통해서 보던 것과 다르게 직접 받아보니 영 딴판이란 뜻이다. 당신이 물건을 사고 싶은 게 있는데 그곳 고객들이 반품, 교환, 주문취소 같은 글을 올린다면 어떻게 생각되는가? 당신도 주문하고 며칠 기다려 상품을 받고 또 반품 하는 수고를 겪을 것인가?

8. 프로모션

쇼핑몰 운영에 도움되는 프로모션 기능에 대해 알아두도록 하자.

쇼핑몰은 오프라인 가게와 같다. 문만 열었다고 해서 고객이 알아서 찾아오지 않는다. 어떤 면에서 보면 오프라인 가게보다 더 힘들다.

오프라인 가게는 '유동인구'라는 기본적인 '트래픽'이 있다. 가게가 있는 지역 주위로 예전부터 지나다니는 사람들이 있다는 의미다. 그 사람들이 가게의 잠재적 고객이 될 수 있다. 그래서 오프라인 가게는 알게 모르게 '권리금'이라는 것을 받기도 한다. 기본적인 고객 수가 보장(?)된다는 의미로 사용될 수 있다.

반면에 온라인쇼핑몰은 문 열었다고 해서 고객이 알아서 찾아오지 않는다. 여기에 가게 ㅁ문 열었다고 사람들에게 알려야 한다. 그리고 가게가 알려질수록 고객관리를 잘해야 한다. 이른바 '프로모션'이다. 신규 고객 유치 및 기존 고객 응대에 도움되는, 매출 향상을 위한 프로모션 방법에 대해 알아보는 시간이다.

참고로, '그렇다면 오프라인 가게보다 온라인쇼핑몰이 불리하다는 의미인가?'라고 생각할 수 있는데 그건 아니다. 온라인쇼핑몰의 잠재력은 무궁무진한 고객 유치 능력에 있다. 오프라인 가게는 동네 사람들이 잠재고객이지만 온라인쇼핑몰은 외국에 이르기까지 내 고객으로 삼을 수 있다. 잘 키운 온라인쇼핑몰 한 개가 글로벌 기업 수준으로 규모가 커지는 게 불가능한 일이 아니라는 의미다.

(1) 프로모션 대시보드

고객혜택 관리로 구매횟수, 구매수량 등 다양한 할인 혜택을 제공하고 프로모션 브릿지에서 다양한 기업의 프로모션 안내를 받고 리워드 프로그램 관리로 추천인/피추천인을 위한 적립금 제공으로 신규가입과 구매 유도를 시도하자.

무이자할부 관리로 카드결제(PG)서비스 별로 무이자 할부를 설정하고 회원정보 이벤트를 통해 고객정보를 확보할 수 있으며 휴면전환 회원 감소효과를 기대할 수 있다. 이러한 모든 프로모션은 온라인 설문 관리를 통해 회원들의 니즈 파악도 가능하게 해준다.

(2) 고객 혜택 관리

고객에게 할인 서비스 또는 사은품 증정 등의 이벤트로 회원관리를 할 수 있는 고객 혜택 관리 기능이다. 고객 혜택으로 기간 할인, 재구매 할인, 대량 구매 할인, 회원 할인, 신규 상품 할인, 사은품 증정, 1+N 이벤트 등을 진행할 수 있다. 이를 통해 새로운 고객의 가입을 유도할 수 있고 기존 고객들의 재구매 비율을 높일 수 있다. 이러한 고객 혜택은 비회원에게도 제공될 수 있다.

1) 서비스 안내

고객 혜택 관리 서비스에 대해 알아두도록 하자.

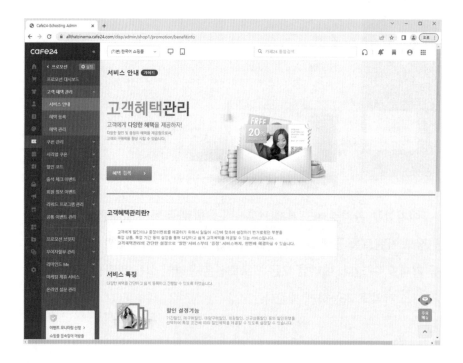

고객 혜택 관리 서비스는 쇼핑몰에서 이미 설정해둔 '혜택설정'이 있다면 '기존 혜택 정보 불러오기' 기능을 통하여 바로 등록이 가능하다. 동일한 조건 이라면 혜택 복사기능을 통하여 적용범위만 재설정할 수 있습니다.

2) 혜택 등록

고객 혜택 등록 기능이다.

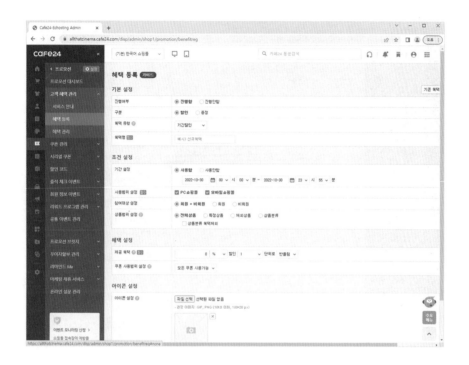

혜택은 할인과 사은품 증정으로 구분할 수 있다.

'할인'은 일정한 기간 동안 상품할인을 해주는 기간할인 혜택, 동일한 상품
이나 품목을 일정 횟수 이상 구매 시 할인해주는 재구매할인 혜택, 동일한
상품이나 항목을 일정한 개수 이상 구매 시 할인해주는 대량구매할인 혜택,
특정 등급의 회원에게 할인해주는 회원할인 혜택, 신규 등록된 상품 구매 시
할인해주는 신규상품 할인 혜택, 특정한 상품 구매 시 배송비에 해당하는
금액만큼 할인해주는 배송비할인 혜택 등이 있다.

'증정'은 상품 구매한 고객에게 사은품을 증정하는 사은품 증정, 1개를 사면
추가 상품을 증정하는 1+ 이벤트 등이 있다. 다만, 세트상품이거나 독립선택
형/상품연동형 옵션 사용하거나 추가입력/파일첨부 옵션 사용은 불가하다.

3) 혜택 관리

쇼핑몰에서 진행 중인 다양한 혜택을 관리하는 기능이다.

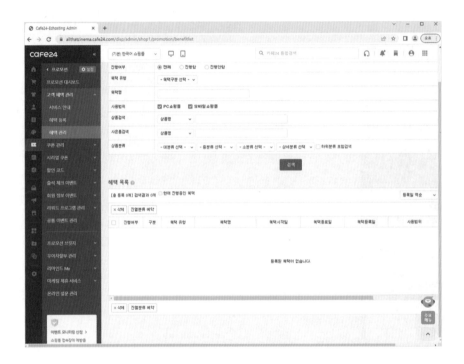

혜택을 적용한 상품에 대해 확인 가능하다. 쇼핑몰 관리자 화면에서 [상품 〉
상품목록 〉 상품상세정보]에서도 각 상품별 혜택 내용을 확인할 수 있다.
'혜택적용 상품' 항목으로 등록된 상품 리스트를 확인할 수 있다. 다만, '진열
안함'으로 설정된 상품은 포함되지 않는다.

(3) 쿠폰 관리

쇼핑몰에서 상품 구매 관련 쿠폰 관리 기능이다. 쿠폰 서비스에 대해 이해하고 쿠폰을 만들거나 발급하고 조회하는 방법에 대해 알아두도록 하자.

1) 쿠폰 서비스안내

쿠폰 서비스는 구매 고객에게 지급하는 할인쿠폰, 쇼핑몰 방문고객에게 제공하는 구매 전 할인쿠폰 등처럼, 다양한 형태의 쿠폰 발행과 이벤트가 가능하다.

다만, 특정 상품에만 혜택이 적용되어 있을 경우, '혜택 적용 상품' 항목에서 혜택이 적용된 상품을 확인할 수 있는 기능이 있고, '혜택 적용 상품' 항목에서 '보기'를 클릭하면 나타나는 팝업에서 혜택상품 정보를 확인할 수 있다.

2) 쿠폰 만들기

쿠폰 만들기에 알아두도록 하자.

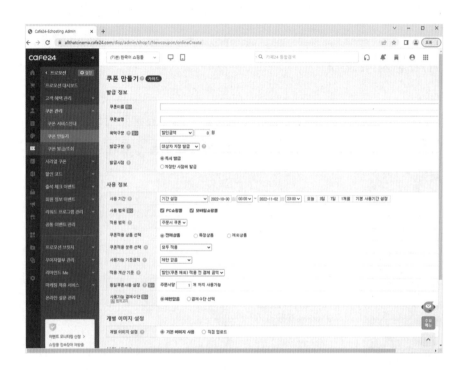

쿠폰 기본설정에서 '쿠폰 사용안함'으로 설정되어 있으면 쿠폰은 자동으로 발급되지 않으므로 주의해야한다.

'주문서 쿠폰'은 쿠폰적용 상품에만 쿠폰 혜택이 적용된다. 쿠폰 미적용 상품을 주문하는 것과 상관 없다. '상품 쿠폰'도 쿠폰적용 상품에만 사용할 수 있다.

적립금(적립금액/적립율/즉시 적립) 쿠폰에 '사용 기간'은 고객이 적립금을 지급받을 수 있는 기간이다. 다만, 해외쇼핑몰에서 해외PG나 후불 결제수단으로 지불하더라도 쿠폰사용이 제한되지 않고 사용가능 결제수단 설정에도 표시되지 않는다.

3) 쿠폰 발급/조회

쿠폰 발급 및 조회에 대해 알아두도록 하자.

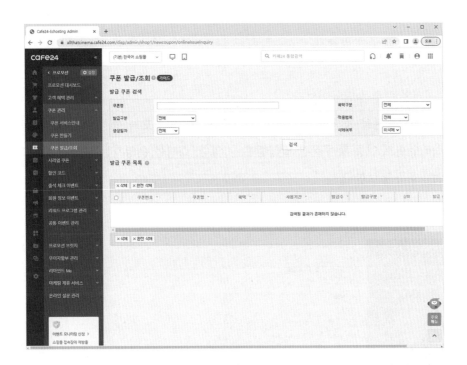

발급된 쿠폰은 쇼핑몰 회원의 자산으로 법적 보호를 받는다. 그러므로 쿠폰 삭제(회수)에 대하여 약관에 내용이 없으면 해당 쿠폰을 회수할 때 회원에게 사전 고지해야 한다. 또한, 쿠폰을 임의 삭제할 경우 전자금융거래법, 표시광고의 공정화에 관한 법률, 전자상거래등에서의 소비자보호에 관한 법률에 저촉된다는 점을 주의하자.

상품권 같은 쿠폰은 유효기간이 지나더라도 법적으로 '상사채권 소멸시효'인 5년 이내인 경우 90%에 해당하는 금액을 환불해야 한다. 그리고 소셜커머스를 통해 쿠폰이 발급된 경우에는 쿠폰 유효기간이 끝나더라도 구입가의 70%에 해당하는 금액을 환불해야 한다.

(4) 시리얼 쿠폰

시리얼 쿠폰에 대해 알아두도록 하자

1) 시리얼 쿠폰 만들기

시리얼 쿠폰을 만들어보자.

시리얼쿠폰을 등록하면 지정한 수량만큼 시리얼번호가 생성되고, 고객은 시리얼번호 인증 후 쿠폰을 발급받을 수 있다. 쇼핑몰 운영자는 생성된 시리얼번호를 홍보한다.

쇼핑몰 고객은 시리얼번호를 복사해 [쇼핑몰 > 마이쿠폰] 화면의 쿠폰인증번호에 입력한 후 '쿠폰번호 인증' 버튼으로 쿠폰을 발급받는다. 시리얼쿠폰 발급수량에 따라 시리얼번호를 생성하는데 필요한 시간은 최대 5~10분 정도 소요될 수 있다.

2) 시리얼 쿠폰 발급 조회

시리얼쿠폰 발급 조회 기능이다.

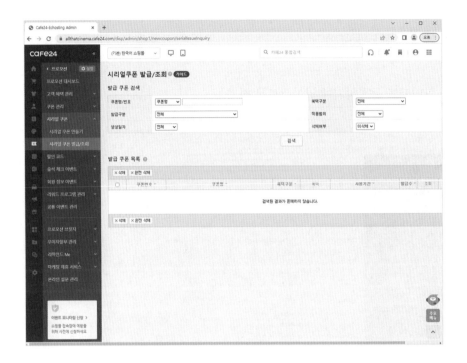

발급한 시리얼 쿠폰, 사용된 시리얼쿠폰을 조회하고 관리해보자.

(5) 할인 코드

상품 주문 시 할인 혜택이 적용되는 할인코드를 관리하는 기능이다.

1) 할인 코드 등록

할인코드 등록하기에 알아두도록 하자.

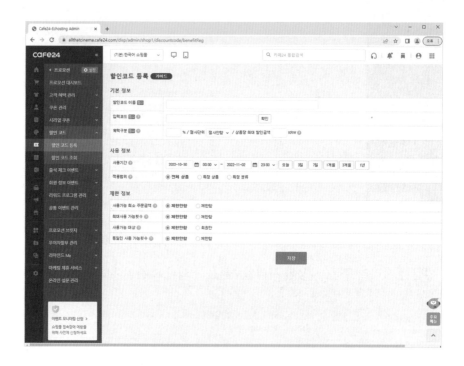

쇼핑몰에서 할인코드를 적용할 입력코드를 등록할 수 있다. 입력코드는 1~35자리 영문, 숫자로만 등록할 수 있으며 입력한 코드는 확인버튼을 눌러 사용가능 여부를 확인 할 수 있다. 할인코드 적용 시 제공되는 할인비율과 절사단위, 상품당 최대할인금액을 설정하는데 할인혜택은 상품당 적용되는 금액이므로 할인코드 등록 시 할인비율 설정에 유의해야 한다.

2) 할인 코드 조회

할인 코드 조회에 대해 알아두도록 하자.

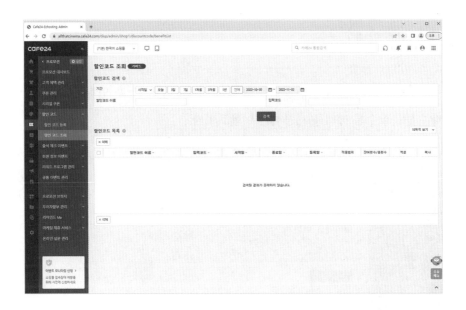

할인코드는 기간, 할인코드 이름, 입력코드로 검색할 수 있다. 잔여횟수/총
횟수 사용기간의 시작일이 쇼핑몰의 현재보다 이후인 경우 '진행전'으로 표
시된다. 사용기간의 시작일이 쇼핑몰의 현재보다 이전인 경우 (잔여횟수)/
(총횟수)의 형식으로 사용가능한 횟수가 표시된다.

(6) 출석 체크 이벤트

쇼핑몰 방문(출석 체크) 이벤트에 대해 알아두도록 하자.

1) 서비스 안내

쇼핑몰과 고객 사이에 친밀도를 높이는 이벤트라고 할 수 있다. 쇼핑몰에 자주 방문할수록 혜택을 제공하는 이벤트이다.

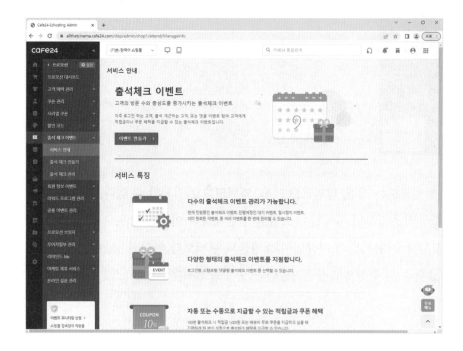

로그인형, 스탬프형, 댓글형 출석체크 이벤트들이 가능하며 현재 진행중인 출석체크 이벤트, 진행예정인 대기 이벤트, 일시정지 이벤트, 이미 완료된 이벤트 등을 관리할 수 있다. 가령, 몇회 출석체크 시 적립금을 주거나 배송비 할인 혜택을 제공한다는 식의 이벤트가 가능하다.

2) 출석 체크 만들기

출석 체크 만들기에 대해 알아두도록 하자.

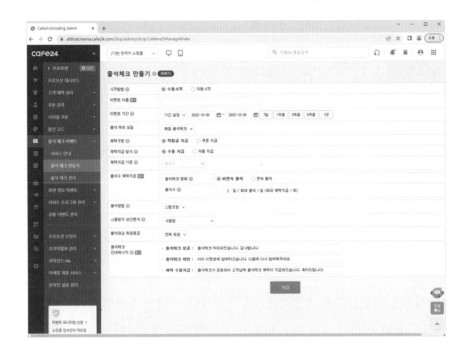

한 번에 1개의 출석체크 이벤트만 진행할 수 있으므로 이벤트 기간이 중복되지 않도록 설정한다. 출석체크는 UTC+09:00 서울시간을 기준으로 매일 자정부터 1일씩 계산된다. 출석체크 이벤트 참여는 [상점관리 > 운영관리 > 본인인증 서비스 설정]에서 설정할 수 있다 .

3) 출석 체크 관리

출석체크 관리에 대해 알아두도록 하자.

출석체크 이벤트를 하고 출석체크를 관리한다. 이벤트 등록이에 따라 출석
체크 상태와 방법이 표시된다. 이벤트 이름 항목을 클릭하면 해당 이벤트의
상세 정보 또는 수정 화면이 표시된다. '출석회원수' 항목의 [회원조회]를
누르면 해단 이벤트에 참여한 회원의 상세 내역을 확인할 수 있다. [상태변
경]을 클릭하여 이벤트의 상태를 변경할 수 있다.

(7) 회원 정보 이벤트

회원정보를 업데이트할 수 있도록 유도하는 이벤트이다. 이 이벤트는 회원들의 전화번호 변경이나 이사로 인한 배달장소 변경 등처럼 고객의 정보가 변경되었을 때 최신 정보로 수정하도록 이끌어주는 이벤트라고 할 수 있다.

1) 서비스 안내

회원 정보 이벤트에 대해 알아두도록 한다.

혜택지급 조건을 간단하게 설정할 수 있다. 혜택 지급 조건으로 여러 가지 항목을 설정할 수 있다. 이벤트에 참여한 고객들의 정보를 확인할 수 있고 엑셀파일로 제공되어 추후 마케팅에 활용 가능하다. 이 이벤트를 통해 개인정보보호에 신경쓰는 쇼핑몰이라는 이미지도 부각될 수 있고 평생회원 전환 이벤트 콘셉트로 휴면회원을 활동회원으로 전환하는데 도움될 수 있다.

2) 이벤트 만들기

회원정보 이벤트를 만들어보자

회원정보 수정 이벤트로서 6개 항목 중 설정한 항목에 해당하는 회원정보를 수정한 회원에게 혜택을 지급하기, 비밀번호 변경 이벤트로서 비밀번호 변경 안내 화면에서 비밀번호를 변경한 경우만 혜택을 지급하기 등이 가능하다. 비밀번호 변경 안내 기간 설정은 회원가입항목 설정에서 할 수 있다.

3) 이벤트 관리

회원정보 이벤트 관리에 대해 알아두도록 한다.

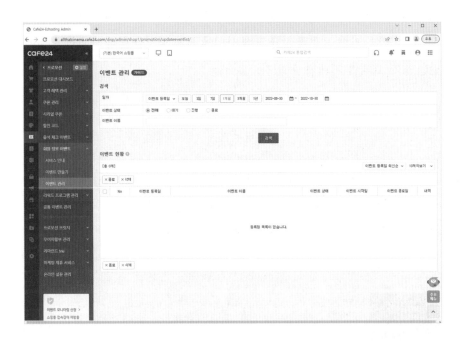

　진행 중이지 않은 이벤트에 한정해서, 이벤트 이름을 클릭하면 정보 확인 및 수정을 할 수 있다. 이벤트 진행기간에는 상태가 '대기'에서 '진행' 으로 변경된다. 평생회원 전환 이벤트는 이벤트 등록 후 바로 '진행' 상태가 되므로 이벤트 내용을 수정할 수 없다. 이벤트 종료 후 신규 이벤트를 등록하는 것은 가능하다. 이벤트는 진행중이거나 대기인 경우 이벤트를 종료하거나 삭제할 수 있다. 이벤트를 삭제하면 이벤트 참여 내역도 삭제된다.

(8) 리워드 프로그램 관리

기존 고객이 추천인이 되어 신규 고객을 등록시키는 프로모션 방법이다. 기존 고객에게는 충성도를 높일 수 있고 신규 고객에게는 구매율을 발생시킬 수 있다. 또한, 기존 고객과 신규 고객 사이에 관계 형성을 통해 쇼핑몰 운영에 단골 증가 효과를 기대할 수 있다.

1) 서비스 안내

리워드 프로그램이란 고객들의 어떤 행동에 대해 보상을 지급하는 프로모션을 의미한다. 쇼핑몰에서는 '적립금' 혜택 등과 연계하여 리워드 프로그램 기능을 제공해서 쇼핑몰의 홍보효과를 기대할 수 있다.

대표적으로는 회원가입 시 즉시 지급형 리워드가 있다. 신규 회원으로 쇼핑몰에 가입하는 즉시 추천인과 피추천인에게 일정 액수의 리워드(적립금)가 지급되는 기본적인 형태이다. 또는, 신규회원이 상품을 구매 시 배송완료되는 시점에 추천인에게 지급되는 리워드 방식도 있다.

2) 추천인 적립금 지급관리

추천인 적립금 지급 관리에 대해 알아두도록 한다.

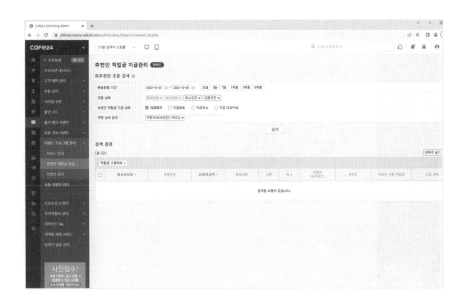

기존 회원의 추천으로 가입한 신규 회원이 상품주문을 하면 배송완료된 주문에 한해 기존 회원에게 수동방식으로 적립금을 지급할 수 있다. [리워드 설정]에서 '추천인 적립금 지급 조건' 항목을 '피추천인 상품 구매 시 지급'으로 설정한다. 다만, 주문이 전체 취소되거나 배송중인 상태에서는 '지급대상 아님'으로 변경된다. 그리고 적립금을 지급했는데 그 후에 주문취소가 되는 경우, 해당 주문을 검색하여 적립금을 회수할 수 있다.

따라서 적립금 지급 관리를 통해 신규 회원이 주문 후 배송완료 7 ~ 14일 이후, 적립금 지급이 되도록 설정하기를 권장한다.

3) 추천인 관리

추천인과 피추천인 관리 기능이다.

검색 결과는 '최근 방문일자' 및 '마지막 주문일자' 정보는 피추천인에 대한
정보를 의미한다. 주문 기록이 없는 회원의 경우, '마지막 주문일자' 및 '주문
번호'에 '-'로 표시된다.

등급 변경으로 기존 회원에게 추천을 받아 신규 가입한 회원에게 특별히
등급을 상향 조정해주는 프로모션 등을 할 수 있다. 이 경우, '등급조정'은
'리워드' 가운데 하나이다.

(9) 공통 이벤트 관리

쇼핑몰에서 진행하고 있는 이벤트를 알리기 위한 기능이다. 쇼핑몰 상품 상
세 화면에 이벤트/홍보 내용을 표시할 수 있다.

(10) 프로모션 브릿지

예를 들어, 어떤 브랜드에서 전개하는 프로모션에 다른 쇼핑몰들이 참여할 수 있는 기능이다. 가령, A 라는 브랜드에서 프로모션을 하는데 B쇼핑몰, C 쇼핑몰이 참여 신청을 하고 A브랜드 프로모션에서 선택할 경우 동참될 수 있다. 이 경우, B 쇼핑몰과 C 쇼핑몰의 참여 상품이 고객에게 배송되는 식이다.

1) 서비스 소개 및 신청

프로모션 브릿지는 쇼핑몰 고객들에게 프로모션을 매칭해주는 무료 서비스이다. 쇼핑몰별 원하는 브랜드, 원하는 프로모션을 신청할 수 있고 알아서 매칭도 해준다.

2) 응모/당첨관리

프로모션 브릿지는 이벤트팩토리에 응모 신청을 한다.

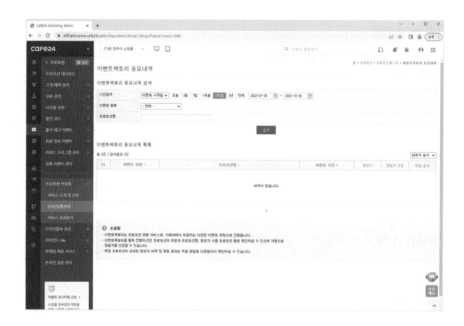

이벤트팩토리는 프로모션 대행 서비스를 말한다. 이벤트팩토리를 통해 진행한 프로모션의 유형과 프로모션명, 응모자 수 등은 프로모션 별로 확인할 수 있다. 또한, 자동으로 당첨자를 선정할 수 있다. 그리고 프로모션의 응모자목록 등 상세한 내역 및 당첨 결과는 엑셀 파일로 다운받아서 확인할 수 있다.

3) 서비스 효과분석

프로모션 서비스 효과를 분석하는 기능이다.

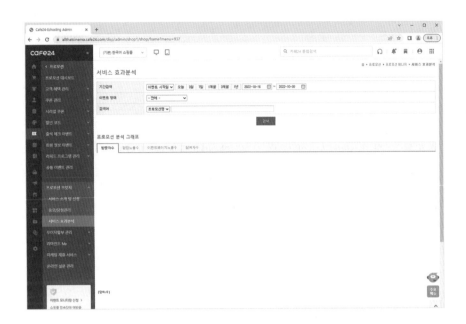

방문자수, 팝업 노출수, 이벤트 페이지 노출수, 참여자 수에 의해 프로모션 서비스 효과를 분석할 수 있다.

(11) 무이자할부 관리

무이자 할부 서비스를 신청하면 쇼핑몰 상품에 무이자 할부를 적용할 수 있다. 쇼핑몰에 무이자 할부를 적용하는 방법에 대해 알아두도록 한다. 또는, 아래 방법 외에, 쇼핑몰이 사용하고 있는 PG사에 별도 신청을 거쳐 이용 가능하다.

〈무이자 할부 사용 설정〉

쇼핑몰 어드민 〉 프로모션 〉 무이자할부관리 〉 무이자할부서비스연장/변경(쇼핑몰어드민 〉 상점관리 〉 결제관리 〉 카드계좌이체신청관리 〉 무이자할부설정)

〈무이자 할부 상품 설정〉

쇼핑몰어드민 〉프로모션 〉무이자할부관리 〉무이자할부상품설정

(단, 무이자 할부를 설정한 상태이더라도 실제로 무이자 할부를 적용할 상품을 지정해야만 무이자 할부 설정이 반영된다.)

(12) 리마인드 Me

쇼핑몰 고객이 장바구니에 담은 상품, 관심 상품으로 표시해둔 상품, 쌓아둔 적립금, 모아놓은 쿠폰 등을 잊지 않도록 '리마인드'해주는 마케팅 솔루션이다.

1) 서비스 현황

리마인드Me 마케팅 솔루션에 대해 알아두도록 하자.

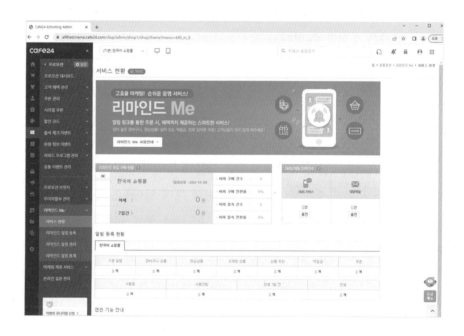

[관리자] 프로모션 〉리마인드 Me 〉리마인드 알림 등록에서 설정한다. 고객에게 발송할 알림 유형, 알림 방식, 수신 대상 등을 등록해한다. 등록한

알림은 관리 메뉴에서 설정한 정보를 수정하거나 복사하여 사용할 수 있다. 이 서비스는 유료서비스로서 [관리자]프로모션 〉 리마인드 Me 〉 서비스 현황에서 'SMS/메일 잔여 건수'를 확인하고 '충전'하도록 한다. 리마인드 알림 내역은 [관리자] 프로모션 〉 리마인드 Me 〉 리마인드 알림 통계에서 확인할 수 있다.

2) 리마인드 알림 등록

리마인드 알림을 등록하는 기능이다.

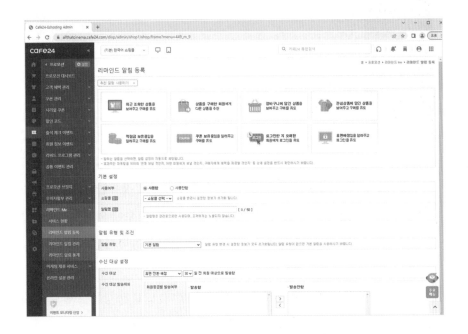

리마인드 알림 종류로는 최근 조회한 상품을 보여주고 구매를 유도하거나 상품을 구매한 회원에게 다른 상품을 추천하기, 장바구니에 담긴 상품을 보여주고 구매를 유도하기, 관심상품에 담긴 상품을 보여주고 구매를 유도하기, 적립금 보유중임을 알려주고 구매를 유도하기, 쿠폰 보유중임을 알려주고 구매를 유도하기, 로그인한 지 오래된 회원에게 로그인을 유도하기, 휴면예정임을 알려주고 로그인을 유도하기 등이 있다.

3) 리마인드 알림 관리

리마인드 알림 관리에 대해 알아두도록 하자.

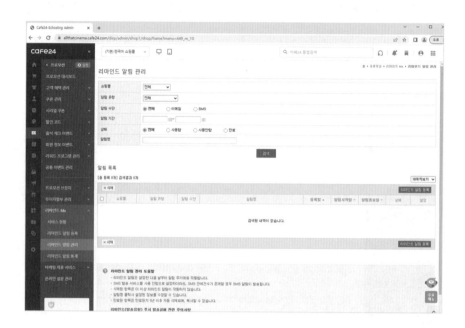

리마인드 알림은 설정한 다음 날부터 알림 주기대로 작동한다. SMS 발송 서비스를 '사용 안 함'으로 설정하더라도 SMS 잔여 건 수에 의해 SMS 알림이 발송된다. 다만, 삭제된 항목은 리마인드 알림이 작동하지 않는다.

'알림명'을 클릭하면 관련 정보를 수정할 수 있다. 만료된 항목은 만료된 지 5년 이후 자동 삭제되며 복사할 수 없다.

4) 리마인드 알림 통계

라미안드 알림 통계에 대해 알아두도록 하자.

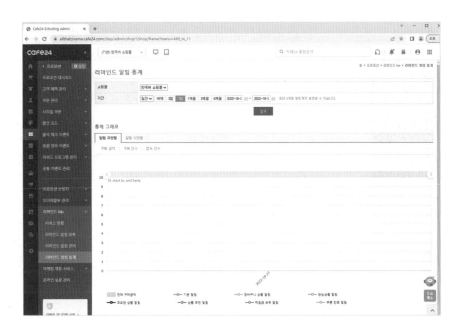

'구매 금액' 내역은 고객이 리마인드 알림을 통해 쇼핑몰에 접속하여 발생시킨 구매금액을 나타낸다. '구매 건수/구매 전환율'이란 리마인드 알림 유입을 통한 구매 건수 및 쇼핑몰 접속 대비 구매 비율을 의미한다. '접속 건수/접속 전환율'이란 리마인드 알림을 통해 쇼핑몰에 접속한 건수 및 발송 건수 대비 쇼핑몰 접속 비율을 나타낸다. '통계 대상 범위'는 발송완료 상태인 알림 정보만 조회가 가능하다.

(13) 온라인 설문 관리

온라인 설문 관리에 대해 알아두도록 하자.

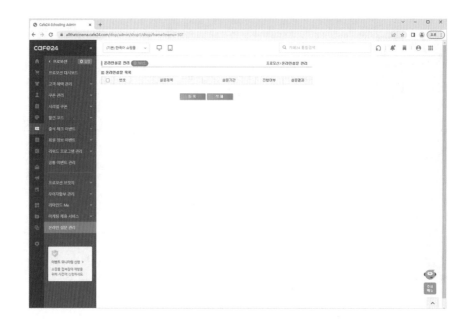

온라인 설문 조사는 한 번에 하나만 진행할 수 있다. 동일한 기간으로 설문 조사를 2개 이상 등록해도 쇼핑몰에는 한 가지만 노출된다.

온라인 설문은 쇼핑몰에서 고객들에게 물어보는 의견수렴 마케팅이기도 하다. 가령, 온라인쇼핑몰의 특성상 판매자와 고객은 쇼핑몰 화면을 통해서만 만나게 되고 고객들이 쇼핑몰 측에 별도의 전화를 걸거나 연락을 하지 않는 이상 쇼핑몰 판매자 측은 고객들의 생각에 대해 알 방법이 없다.

그런데 쇼핑몰 설문을 하게 되면 쇼핑몰이 고객에게 궁금한 사항들을 미리 설문함으로서 쇼핑몰 개선에 도움되는 다양한 의견을 청취할 수 있게 되는 장점이 있다. 질문의 내용이나 설문의 기간 등에 대해선 크게 중요하지 않다. 하지만 너무 잦은 설문은 고객에게 불편함을 느끼게 해줄 수도 있으니 삼가도록 하자.

이상으로 카페24에서 만드는 인터넷쇼핑몰 서비스를 활용하여 온라인에서 장사 준비를 하는 과정에 대해 알아봤는데, 그동안 소개한 과정은 쇼핑몰을 만들고, 디자인을 구성하고, 상품등록을 마친 후 각종 게시판 관리와 회원관리에 대해서도 배웠다.

인터넷쇼핑몰은 지금 시작해도 된다. 내 쇼핑몰에 어떤 고객들이 오는지 알아두면 특정 고객을 대상으로 부가서비스를 사용하거나 다양한 지원 기능을 추가할 수 있다. 우리 가게에 자주 오는 단골을 확보하고, 단골을 위한 특별 혜택을 주는 것처럼 뛰어난 마케팅 전략이 또 있을까? 물론, 여기에 소개된 쇼핑몰 홍보전략과 다양한 서비스들은 앞으로 더욱 좋은 기능들이 추가될 것이며, 현재 서비스는 쇼핑몰 고객들의 소비 트렌드에 따라서 언제든지 자주 바뀔 수 있는 것들인 점을 알아두도록 하자.

인터넷쇼핑몰은 1990년대 기업 사무용품 등의 자재를 구입하기 위해 구매기업과 납품기업 사이에서 처음 시작된 이후 일반 소비자를 위한 종합 인터넷쇼핑몰이 생기면서 발전 속도를 더 했다. 종합쇼핑몰에 이어 오픈마켓이 등장하고, 뒤를 이어 개인쇼핑몰이 시장을 키우는 상황이다. 그리고, 2010년대에 이르러 인터넷 시장은 수조 원대의 황금알을 낳는 사업으로 탄생했다.

기업과 납품기업 사이에서 처음 시작된 이후 일반 소비자를 위한 종합 인터넷쇼핑몰이 생기면서 발전 속도를 더 했다. 종합쇼핑몰에 이어 오픈마켓이 등장하고, 뒤를 이어 개인쇼핑몰이 시장을 키우는 상황이다. 그리고, 2010년대에 이르러 인터넷 시장은 수조 원대의 황금알을 낳는 사업으로 탄생했다.

2010년엔 스마트폰이 등장하고 큰 인기를 얻었다. 애플社가 2007년에 선보인 아이폰iPHONE이라는 스마트폰이 등장한 이후, 삼성전자의 갤럭시폰을 포함하여 애플社의 아이폰과 다른 업체의 스마트폰을 포함하면 우리나라 인구 5천만 명을 감안할 때 2010년대만하더라도 10명 가운데 6명이 스마트폰을 갖고 있고, 젊은층 위주로 스마트폰 사용자 수는 더욱 늘어날 전망이다.

그뿐 아니다. 스마트폰의 인기는 갤럭시탭, 아이패드 등과 같이 태블릿PC로 이어지고, 스마트TV로 확산되는 상황이다. 인터넷의 시간과 공간 제약이 없어지면서 방송과 통신의 장벽이 없어진 탓에 이제 TV와 전화, 컴퓨터를 따로 구분할 게 아니라 하나의 기기로 이해해야 하는 상황이다.

인터넷쇼핑몰의 가능성도 바로 이 부분에서 주목받게 된다. 우리나라 인터넷쇼핑몰을 외국 소비자들도 언제든지 방문할 수 있고, 신용카드 구매 등으로 쇼핑도 가능하다는 부분이다. 언어의 문제 역시 더 이상 넘기 어려운 장애물이 아니다. 다양한 사이트에서 통역번역 기능을 무료로 제공하고 있고 인터넷을 통한 화상통화, 그리고 트위터를 이용한 메시지 기능 덕분에 언제 어디에서나 인터넷으로 세계인들이 연결되어 하나의 소비자 역할이 가능하게 되었다.

내가 만든 인터넷쇼핑몰 하나를 방문하는 고객들이 우리나라뿐만 아니라 전 세계에서 시시각각 몰려온다. 스마트폰에서 태블릿PC에서 스마트TV에서 1년 365일 쉴 틈 없이 상품이 팔리는 시대가 되었다. 인터넷쇼핑몰 하나가 웬만한 대형 백화점보다도 매출면에서 더 큰 규모를 갖게 될 것이며, 소비자를 회원으로 보유하여 생긴 막강한 소비력 덕분에 상품 제조기업들로부터 제공 받는 상품의 가짓수와 종류도 일정한 심사 기준을 내세우게 될 것이다.

바야흐로 인터넷쇼핑 전성시대가 더욱 확대되고 국내외 시장이 하나로 융합되는 시대가 되었다는 것을 알아야한다. 위에서 소개한 인터넷쇼핑몰의 '시작'을 가장 손쉽게, 가장 편리하고, 편안하게 할 수 있다. 카페24에서는 인터넷쇼핑몰을 무료로 시작할 수 있으며, 스마트폰 등에 어울리는 쇼핑몰 디자인도 손쉽게 만들기가 가능하기 때문이다.

결국 세계 각국 간 FTA^{자유무역협정}가 활발하게 체결되는 세계 시장은 인터넷을 위주로 더욱 공고한 결합을 하기에 서두를 것이며, 인터넷쇼핑몰을 통한 온라인 현금거래를 위주로 자국의 경제 규모를 키우기 위해 노력할 것이 분명한 까닭에 블로그와 쇼핑몰이 결합하는 국가 경계가 없는 온라인 상거

래와 홍보가 통합되는 트렌드를 준비함에 있어서 본 도서가 탄생하게 된
계기가 되었다.

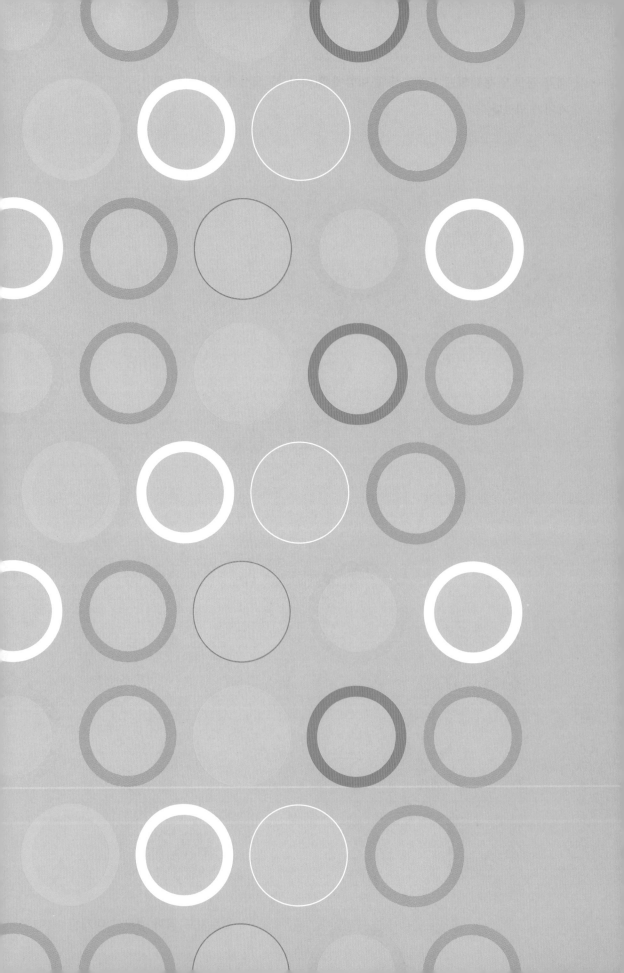

PART 02

내 손안의 인터넷쇼핑몰 무료 홍보하기

인지도
UP!
SNS
활용하기

블로그가 2000년대에 들어서 검색 기능을 주력 사업으로 내놓는 포털사이트 기업들에 의해 주목받게 되면서 각 사이트들은 양질의 콘텐츠를 얻고자 블로거들에게 눈독을 들이기 시작했으며 블로거들이 작성한 내용을 검색 상위에 올려놓기 시작했다.

특히, 세계 최대 인터넷 검색기업 '구글'이 콘텐츠를 만들어 내는 누리꾼 개개인에게 관심을 갖게 된 시점부터 블로그가 새삼 관심을 더 받게 되었고, 1인 미디어의 형태로 세상에 등장한 것인데, 블로그가 제2기에 진입하는 상황에서는 매력적인 수익 구조를 블로거들에게 제공해야만 하는 시기가 온 것이다.

이와 관련, '파워블로거(Power Bloger)'들이 등장했고, 각 기업들은 블로거를 통한 커뮤니티 홍보의 중요성에 관심을 갖기 시작하면서 블로거가 직접 광고 수주 활동을 하기도 했는데, 전문 정보라는 장점에서 실시간 정보 소통을 강조하는 트렌드가 형성되면서 기존의 블로그 대신 트위터, 페이스북과 같은 미니블로그, 마이크로 블로그 형태의 SNS 서비스가 각광을 받았다.

이른바, 소셜네트워크서비스가 그것인데, 블로그에 집중하던 기업들은 다시 소셜네트워크서비스가 인기를 끌기 시작하자 소비자 응대를 위한 온라인 창구로 이용하게 되었고, 소셜네트워크서비스에는 대중과의 만남창구가 필요한 많은 기업들뿐 아니라 유명한 연예인, 저명한 정치인 등처럼 많은 분야의 사람들이 참여했다.

그리고, 소셜네트워크서비스는 [사용자 1인을 향한 소셜네트워크 광고]로 변모하고 있다. 이는 대중을 만족시키는 일반화의 광고가 아니라 영향력을 가진 사용자 1인을 만족시킴으로써 대중이 쏠려오는 형태의 소셜홍보 색채를 띠게 되었다.

다시 말해서 소셜 네트워크서비스에 있어서 가장 중요한 점은 바로 진실된 '소통'이며, 대중을 향한 홍보가 아니라 1인을 향한 속삭임으로 홍보해야만 그 사람이 다른 사람에게, 그 다른 사람이 또 다른 사람에게 급속도로 스스로 퍼지는 홍보를 계획해야할 시기라는 뜻이다. 다른 이의 이야기를 들어줘야 한다는 사회적 소통의 의무감이 생긴 요즘이야말로 SNS를 활용하는 무료 홍보의 천국이 도래한 것이라고 봐야 한다는 뜻이다.
1인 사용자 만족을 통한 대중에게 전파되는 홍보 블로그에서 SNS로 이어지는 홍보에 대해 알아보도록 하자.

트위터*

트위터www.twitter.com란 메신저 서비스로 부를 수 있다. 온라인 친구를 사귀는 기존 방식이라면 오프라인에서 만나서 온라인 친구로 등록하던 네이트온이나 MSN을 통해서였는데, 이는 오프라인의 친구와 온라인에서 실시간으로 대화하는 것에 지나지 않았다.

트위터의 경우 온라인에서 먼저 만나고 오프라인에서 관계를 이어가는 친구를 만들었다. 앞뒤 순서가 바뀐 게 큰 차이점이다. 게다가 내가 만나고 싶었던 전 세계 누구나와도 대화 친구가 될 수 있다는 게 장점이다.

가령, 트위터에서 유명 인사를 친구로 삼고 실시간 대화를 나눌 수 있다. 트위터에는 친구 수를 뜻하는 'follower팔로어' 수가 나타나는데 적게는 몇 십 명에서 많게는 몇 백, 몇 천, 몇 만 명까지 있다.

(1) 낯선 사람에게 홍보하라

트위터는 내가 원하기만 하면 누구든지 트위터 사용자들을 엮어준다. 평소 만나기 어렵게 느끼던 사람들과도 온라인에서 만큼은 '아는 사람'이 될 수 있는데, 생각해보면 FOLLOW[팔로우]와 FOLLOWING[팔로윙]이라는 관계에서 트위터의 관계는 '전달받는 입장'과 '전달하는 입장'인 것을 알 수 있다. 바로 여기, 상대방이 말하는 무엇이던 간에 다른 쪽팔로윙은 무조건 받아야 한다는 점에 주목해야 하지만 말이다.

예를 들어 보자.

트위터를 하는 사람들은 관심 있는 사용자를 찾아서 팔로윙 관계를 만든다.

'당신'이 하는 말들을 듣겠다는 표현이다. 영어 그대로 팔로윙FOLLOWING은 "따른다"는 뜻이다. 홍보의 대상이 생기는 순간이다. 서로 속 깊은 이야기까지 나눌 수 있는 1:1의 친밀한 인맥이 아니지만 정보전달자와 정보수령자 관계 정립이 된다.

그런데 처음엔 이야기를 듣는 것조차 기쁘고 즐겁지만 몇 번을 망설이다가 조심스럽게 상대방의 트윗에 답글을 보내도 대답 없는 상대방이라면 '내가 지금 뭐하는 건가?' 되묻게 된다. 그에게 서서히 지쳐가는 게 보통 사람이다. 그럼, 어떻게 해야할까? 이를 방지하려면 트위터에서는 멈춤 없이 누군가에게 지속적으로 답글을 달아줘야 한다. 그래서 트위터에 지치는 사람도 많지만 트위터에서 오히려 사람들로부터 이슈가 되고 인기인이 되는 사람들도 많다.

블로그와 트위터 홍보의 다른 점이다. 그럼, 트위터에서는 어떤 방식으로 홍보가 가능할까? 트위터의 주요 기능 가운데 이미지 링크, 긴 글, RT에 대해 소개한다.

트위터 계정을 소개하는 개인 프로필을 이용하면 되지 않겠는가 걱정하지 말자. 트위터를 하는 사람일수록 자주 이용하다 보면 한 가지 습관적인 행동을 보이는데, 타임라인에서 처음 만나는 사람의 글이 올라오면 답글을 주기 전에 그 계정의 프로필을 본다는 점이다. 그곳에 당신이 모모 쇼핑몰의 운영자이고 어떤 일을 하려는데 트위터를 홍보목적으로 이용하고 있다고 친절하게(?) 적어놓았다면 당신에겐 답글이 오기 힘들다.

따라서 트위터 프로필에 자기 일을 소개하고 홍보한다고 적어놓는 건 그닥 추천할 만한 일이 아니다. 물론, 이미 유명한 사람이 자기소개를 하는 것과는 다르다. 필자의 말은 유명하지 않은 사람이 의욕적으로 자기를 알리겠다고 트위터에 홍보목적으로 사용 중이라고 밝히는 것은 금물이라는 뜻이다.

그 외에 트위터에서 사용가능한 것은 없다. 다른 사람의 글을 모아서 따로 보려고 할 때 목록만들기나 카테고리를 구분해서 트윗을 받는 방법이 있고, 해시태그 역시 내가 쓴 글을 나중에 쉽게 찾아보고 싶을 때 사용하면 좋은 방법이다.

몇 초 만에 수십, 수백 개의 글들이 타임라인에서 뒤범벅이 되는데 아침에쓴 글을 오후에 찾기 힘든 곳이 트위터다. 이럴 때, 해시태그(#)를 사용하여 **[오늘은 빅터리쇼를 봐야겠다. #내손안의패션쇼빅터리쇼]**라고 해둔다면 나중에 이 글을 찾는 방법이 쉬워진다는 뜻이다. 나중에 트위터 검색창에 #내손안의패션쇼빅터리쇼를 입력만 하면 된다.

낯선 사람을 만나는 트위터에서 사용할 수 있는 홍보전략으로 **[동영상/이미지 링크], [RT], [긴 글]**을 알아보도록 하자.

1) 동영상/이미지

트위터에서 올리는 동영상은 링크주소를 줄여서 표시되고, 이미지는 새로 촬영하거나 사진보 관함에서 불러오는데, 유튜브에 올린 동영상의 주소를 타임라인에 트윗으로 올리면 줄여서 표시된다. 동영상처럼 이미지 역시 링크주소가 줄여서 표기된다.

각 링크를 누르면 해당 콘텐츠로 이동한다.

● 홍보 주안점 ●

트위터에서 이미지 또는 동영상을 사용하는 홍보는 타임라인에 업로드하고 다른 사용자들에게 전파되도록 하는 게 좋다. 단, 이 경우 동영상에서 본 내용을 홍보 내용으로 잡기보다는 재미있고 유익한 내용으로 꾸미되 은연중에 홍보가 비춰지게 되는, 다소 간접적인 방법을 써야 한다.

블로그는 많은 정보가 있어서 한두 가지 정보 외에도 사람들의 재방문이 용이하지만 트위터는 실시간으로 흐르는 정보 속에 내가 홍보하려는 대상을 끼워넣는 전략을 써야 한다. 따라서, 철저하게 정보라는 이미지를 부여해야 하고, 다른 사용자들에게 도움되는 내용이어야 한다. 이때 동영상은 굳이 전문 가들이 만드는 영상과 음향, 특수효과가 드러나는 게 아니어도 좋다. 정보형 동영상은 오로지 정보만 충실하게 담으면 된다는 뜻이다.

비근한 예로, 풀HD 영상을 만들어서 인터넷에 올리고 사람들에게 홍보를 한다고 치자. 몇 명이나 볼 것 같은가? 풀HD 동영상을 만들었다고 해도 보는 사람이 풀HD 모니터가 없으면 헛수고를 한 셈이 된다.

보는 사람이 SD급 모니터를 갖고 있다면 만드는 사람이 풀HD 영상을 만들었다고 해도 결국 보는 사람에겐 SD급 영상으로 보인다. 풀HD 영상은 풀HD 영상을 지원해주는 모니터에서만 시청가능하기 때문이다. 다른 예로, 3D 영상을 만들어서 올리면 어떻게 될까? 맞다. 3D 영상을 만들었다고 해도 보는 사람이 SD 모니터를 갖고 있다면 SD 영상으로 보인다.

아이폰이나 아이패드, 갤럭시폰 등을 비롯해서 스마트폰으로 동영상을 촬영하면 그 자체로 훌륭한 영상이 탄생한다. 스마트 기기에서 동영상을 빼는 방법은 USB를 연결하기만 하면 된다.

윈도우 소프트웨어 안에 있는 사진마법사가 USB를 통해 스마트 기기 안에서 이미지(사진, 동영상)들을 컴퓨터로 옮겨줄 것이기 때문이다. 컴퓨터에 있는 동영상은 유튜브나 블로그 등에 올리고 트위터 트윗으로 동영상 주소를 복사, 타임라인에 올려서 홍보할 수 있다.

이 방법 외에 스마트폰에서 직접 동영상을 선택하고 이메일이나 트위터, 페이스북에 올릴 수도 있다. 다만, 스마트폰에서 찍은 영상을 유튜브나 SNS 계정으로 바로 올릴 때 자기에게 부여된 동영상 계정메일 주소를 이용해야 한다는 불편이 있긴 하다.

또는, 스마트폰에서 사용하는 생방송 어플리케이션을 이용하여 실시간으로 생방송 중계를 할 수도 있다. 무제한 요금제나 와이파이망에서 사용하기에 좋은 방법이다.

[주]

본 도서에서는 각 사이트의 구체적인 이용순서를 소개하기보다는 자료 전달과 정보 소개에 주안점을 두었다. 인터넷쇼핑몰과 SNS를 활용하는 사용자 입장에서 기초적인 과정에 지면을 할애하기보다는 제한된 지면에서 보다 많은 정보를 소개하고자 함이며, 다만 이미지를 곁들여 설명해야 하는 부분은 화면을 캡처하여 소개하였다.

2) RT(ReTweet)

RT는 리트윗ReTweet이란 의미의 약자다. 내가 받은 트윗을 그대로 재사용하거나 의견추가를할 경우에 사용하는 방식이다. 내가 쓴 글이나 다른 이의 글을 받아서 RE 기능을 사용한다면 원글과 내가 새롭게 추가하는 글이 동시에 타임 라인에 표시된다.

● 홍보 주안점 ●

트위터에서 RT는 사용자들이 스스로 전하는 홍보다. 물이 상류에서 하류로 흐르는 것처럼 자유롭게 흘러야 한다. 생각해 보자. 예를 들어, 타임라인 상에서 이벤트를 한다고 할 때 '소통, 도움, 공감'을 키워드로 사용해야 하는데, 타임라인에서 빠르게 흐르는 정보들 중에서 내가 쓴 트윗이 사람들에게 읽혀 지길 원한다면 시선을 잡아끄는 매력이 담겨야 한다.

이 매력은 사람들이 화면을 누르게 만드는 요소를 말하는데, 읽고 싶어야 하는 정보가 아니라 '읽어야 하는 정보'가 되어야 한다. 타임라인에는 흐르는 정보가 많은데 대다수 사용자들의 행동을 소개하거나 사용자들이 먹는 음식, 가는 곳, 나누는 이야기가 주요 내용이다. 이런 내용으로는 아무리 홍보를 한다고 해도 주목을 받기 어렵고, 스스로에게도 재미를 붙이기 힘들어서 얼마못 가 멈추는 홍보가 된다.

그러나 소통, 공감, 도움의 내용으로 홍보 트윗을 만들면 만드는 이에게도 재미가 생기고, RT되는 반응력 또한 기대할 수 있다. 예를 들면 이런 내용이다. 타임라인에서 다른 이웃 돕기 트윗이나 잃어버린 물건 찾기 트윗이 유독 많이 보이는 걸 알 수 있다. 이건 도움이라는 공감을 만들고, 물건을 잃어버린 사람의 안타까움 심정이란 트윗의 공감을 만든다.

누구나 한번쯤 잃어버렸을 법한 물건, 그리고 상황을 통해서 사람들이 의무적으로나마 RT를 하게 된다. 내가 홍보하려는 대상이 쇼핑몰일 경우에도 다르지 않다.

잃어버린 지갑을 찾는다고 하자. 가볍게 브랜드 이름을 넣는다. ㅇㅇㅇ에서 구입한 파란색 장지갑을 지하철에 두고 내렸어요, 라고 하자. 쇼핑몰 어디에서 구입한 지갑을 어느 장소에서 받아서 누구에게 선물하려고 가다가, 라는 세부적인 스토리가 담기면 더 좋다. (물론 이 문구는 홍보카피 문구다. 거짓 으로 만들라는 이야기가 아니다.) 공감을 만들어주는 스토리는 넣어 트윗에 글을 올리면 된다.

나를 팔로워하지 않는 사람에게도 RT를 부탁하는 글을 보낼 수 있다. 내가 팔로잉 하는 인기인이 있다면 이와 같은 문구를 작성한 트윗을 써서 보내며 RT를 부탁하자. 헷갈리는 분들을 위해 다른 방법을 알려드린다면, 콘서트 홍보를 해야한다고 생각하자.

이런 트윗을 볼 수 있을 것이다.

"ㅇ월 ㅇ일 몇시에 하는 뮤지컬 XXXXX 로얄석 티켓 두 장이 있습니다. 급하게 다른 분에게 www에 양도하려고 합니다. RT 부탁합니다."라고 말이다.

물론, 이 문구는 내가 홍보해야 하는 뮤지컬이다. 다른 사용자에게 필요한 내용으로 티켓을 양도한다는 내용이 들어왔고, 싼 가격에 양도한다는 정보가 실렸다. 사람들은 자신이 관심을 가진 티켓이건 아니건 일단 어느 뮤지컬인지 보게 된다. 순식간에 홍보가 이뤄진다. 티켓을 양도받는 사람이 나타나면 좋고, 안 나타나도 좋다. 뮤지컬 이름을 알렸고, 홍보효과는 상승했으니 말이다.

3) 긴 글(장/단점)

긴 글 단축 방법은 글쓰기 메뉴를 선택하여 추가기능 설정이 나오는 데서 이용한다. 또한, 스마트폰 어플리케이션 중에 140글자를 초과하는 트윗은 자동으로 트위터 어플리케이션 사이트에 올리고 타임라인에는 줄여서 링크 주소를 표기하 기도 한다.

트윗을 작성하게 되면 일부 트위터 어플리케이 션의 경우 자동으로 긴 글을 줄여서 표기해주는 기능도 이뤄진다.

● 홍보 주안점 ●

트위터에서 긴 글은 사람들이 읽기 꺼려하는 글 중에 하나다. 글 하나를 읽기 위해 일일이 링크주소를 클릭하고 따라가며 읽다보면 바쁜 일정에 지각하게 된다. 시간 많은 사람이라면 모를까, 긴 글은 트위터에서 홀대받을 수 있는안 좋은 글이다.

트위터를 이용하는 방법은 어떤 게 있을까?

트윗을 작성하면서 글 앞머리에 사람들의 호기심을 불러일으킬 만한 내용이 표시되게 한다. 예를 들어, A쇼핑몰에서 B라는 핸드백을 싼 가격에 판다고 하자. 이벤트이고 저렴한 가격을 알려야 하는데, 문제는 상표 이름이 너무 길거나 디자인이나 기능을 설명해야 하는 게 더 많을 경우다.

이 경우 트윗 타임라인에서 보이는 글자 수는 고작해야 14글자 정도밖에 안된다. 나머지 글자 내용은 축약 표시된 알파벳으로 정리된다. 자, 어떻게 할까? 간단하다. 일단 글을 작성하는 시즌이나 이벤트를 할 만한 요일 맞춤, 시간대 등을 살펴본다. 그리고, 트윗에 앞 부분에 표시되도록 넣는다.

예를 들면, 이런 트윗이 가능하다.

[오늘 저녁 반찬 메뉴는 공부에 지친 http://di.ks/lis67]
[내일 무슨 옷 입을까 생각하다가 날씨를 http://sow.sp/lsul22]
[동창회 갈 준비하다가 가방을 봤는데 색 http://sdw.lp.skiw998]

위와 같은 트윗을 말한다. 위 트윗을 다 풀어서 쓰면 아래와 같이 된다. 내가 올린 트윗의 긴 글 링크를 클릭하고 들어오는 사람들이 보게 되는 트윗 내용 이란 뜻이다.

[오늘 저녁 반찬 메뉴는 공부에 지친 학생들을 위한 장조림에 한우를 넣은 양념 갈비를 추천합니다. ㅇㅇ쇼핑몰에서 오늘 특가로 할인행사 중입니다. 원기 보충 및 기력 충전에 좋은 든든한 식사로 건강한 생활을 선물하세요. www.victorleeshow.com]

[내일 무슨 옷 입을까 생각하다가 날씨를 걱정한다면 XX스타일에 OO디자인 으로 코디해보세요. ㅇㅇ쇼핑몰에서 날씨 걱정 없이 스타일 연출이 가능한 코디 아이템을 특별가격에 판매 중입니다. www.kongnamulstyle.com]

[동창회 갈 준비하다가 가방을 봤는데 색깔이 마음에 안 들어서 다른 색을 찾는다면? 요즘 유행하는 컬러별로 모은 A브랜드의 새로운 트렌드 컬러를 만나보세요. 헐리웃 스타들도 반할 만한 트렌드 디자인 www.ohmytest.com]

물론, 이 트윗을 쓰는 트위터 사용자가 쇼핑몰 운영자란 걸 알고 있는 게 좋다. 만약 쇼핑몰 운영자가 하는 트위터 계정이란 사실을 모르는 사용자에게 이런 트윗이 갈 경우 1~2회성 홍보에 그치고 언팔 또는 블락을 당할 것이기 때문이다.

(2) 트위터는 뉴스로 시작해서 땅콩이 된다.

친구 추가가 아니라 팔로우, 팔로윙 관계인 트위터는 뉴스로 시작했지만 어느 순간부터 정돈된 뉴스보다는 사견이 홍수처럼 밀려다니는 혼잡한 교통지옥이 되어가는 중이다. 일부 다수의 팔로워를 지닌 사용자들에 의해 주도되는 주장들로 인해서 개인적인 의사표현은 어느새 철저히 무시되는 경향이 생겼으며 팔로우가 많은 사람들의 글들이 트위터를 도배하기 시작했다.

트위터에서 누가 무엇을 먹는지, 잠을 자는지, 공연을 보는지 읽는 일이 잦아지고 불특정 다수를 상대로 일상을 공개하는 것에 대해 지쳐가는 중이다. 하나둘 트위터를 떠나거나 이젠 곁에 두고 심심할 때조차 손을 안 대는 땅콩 신세에 지나지 않는다.

온라인에서 인맥을 쌓기 위해 트위터에 온 사람들이 자신들보다 먼저 파워유저로 자리 잡은 일부 사용자들이 올리는 글만 읽다가 지친다. 각자의 의견이 소통되기보다는 인터넷상에 떠도는 유머와 저작권자 불분명의 격언들이 타임라인에 쌓이게 된다. 게다가 내 의견 올리기보다는 리트윗 기능만 사용 하는 트위터는 교류가 아니라 독점, 폐쇄 현상이 생기는 중이다.

오프라인에서 평소 관심을 가졌던 사람과 온라인에서 직접 연결된다는 것은 큰 매력이다. 트위터는 사람들이 평소 바라는 마음을 파고들어 온라인 인맥 맺기의 동기부여는 성공했지만 지속적인 인맥 이어가기엔 실패하는 모습이다. 1:1 관계에서 맺어지는 친밀감이 무엇보다도 필요한데 트위터에서는 오프라인에서 알고 지내는 사람들만 1:1 교류를 이어가고, 다른 사람들과는 1:다수의 관계를 유지하기 때문이다.

TV를 통해서 뉴스를 보던 사람들이 특정 사용자로부터 뉴스를 받게 되는 이상 트위터는 TV 옆에 놓인 땅콩보다도 더 거추장스런 존재가 되어버리는 까닭이다.

그럼, 트위터에서 홍보를 하려는 마케터들은 어떻게 해야 할까? 땅콩을 치워버린 사람들에게 다시 땅콩을 갖다 먹으라고 설득하기엔 이유가 부족하다. 오히려, 사람들이 버린 땅콩 속에 아몬드가 있다고 알려주는 전략이 필요하다. 어떻게 해야 할까?

트위터 홍보는 사용이 활발한 사람들보다는 트윗을 올린 지 일주일 정도 경과한 사람들을 우선 상대하는 게 좋다. 팔로워, 팔로잉 수가 적은 사람들을 상대로 먼저 다가서고 친밀감을 쌓아야 한다. 유명인에게 접근해서 RT 한 번이라도 받으면 그게 더 홍보효과가 크지 않은가 생각하겠지만 절대 그렇지 않다.

과일을 따려면 씨앗을 심고 자라서 열매를 맺을 때까지 기다려야 하듯이 하루아침에 이뤄지는 게 아니다. 오히려 열매를 따려고 몰려드는 경쟁자가 많은 곳보다는 과수원은 아니지만 스스로 자라서 열매를 맺기 시작하려는 나무 아래로 가는 게 좋다. 인맥이 많지 않은 사용자에게 먼저 다가가서 가지를 모아주고 햇빛을 열어주면 더 많은 친밀도가 생기게 된다.

(3) 한 사람이 여러 계정을 사용할 수 있다

유명인 트위터 만들기도 편리하다. 내가 사용하는 이메일 주소만 여러개 있으면 그 수만큼 트위터 계정을 만들 수 있다. daumwww.daum.net이나 네이버www.naver.com, 네이트www.nate.com 같은 국내 서비스를 이용할 수도 있고, hotmailwww.hotmail.com이나 gmailwww.gmail.com같은 외국 서비스를 이용할 수도 있다. 게다가 이런 외국 이메일 서비스는 무한정 메일 계정을 만들 수 있고, 트위터 계정 역시 무한정 만들 수 있다.

쇼핑몰 주소로 트위터 계정을 만들어야 한다. 시즌별로, 아이템별로 나눠서 여러 계정을 만들길 추천한다. 그리고 각 계정을 1주에 순차적으로 최소 하루에 하나 이상, 일주일에 3개 이상의 트윗을 올려둔다. 트윗 계정은 하루에 하나 이상 올려야 살아있는 상태로 이미지를 보일 수 있다. 비활성 계정은 주목을 받지 못하기 때문이다.

(4) [검색]을 적극 활용한다

트위터 사용자들은 해시태그를 활용한다. 관련 키워드에 대해서 다른 사용자 들의 글을 보기 위함인데, 트위터에서 홍보를 하려는 사람들은 해시태그보다는 검색을 이용해야 한다. 두 가지 구분 기준은 트윗만이냐 또는 계정 포함이 냐로 구분된다.

가령, 해시태그를 사용하면 사용자들이 올린 트윗에서만 관련 단어를 검색해서 보여주는 반면 검색창에 검색할 때는 사용자들의 프로필과 트윗을 모두 검색해서 보여준다.

다시 말해서, 쇼핑몰 계정을 만들고, 내가 판매하려는 상품을 주로 사용할 것만 같은 사람들을 검색해서 팔로잉한다. 트위터 검색창에 여성 의류를 검색해보자.

트위터에서 여성의류란 트윗들이 표시된다. 이번엔 해시태그를 붙여서 검색해보자.

사용자들이 트윗에 해시태그를 붙여 올린 트윗만 검색된다. 두 가지 결과를 보고 차이점을 알 수 있을 것이다. 단, 트위터 검색창에서 내가 홍보하려는 아이템의 키워드를 입력 하고 관련 사용자들을 찾아서 팔로 잉하려고 할 때 한 가지 주의해야할 점은 다른 홍보계정을 팔로잉하지 않아야 한다는 점이다. 나와 같은 분야의 경쟁자에게 내 전략을 자발적 으로 노출시킬 필요는 없다.

트위터 검색 기능을 통해서 내가 홍보하려는 아이템의 사전 시장조사도 가능하다.

'여성의류'를 올린 사용자들의 글을 볼 수 있으며 몇몇 사용자들이 RT를 해주면서 홍보효과가 번지는 상황을 확인할 수 있다. 정리하자면, 트위터에서 트윗을 올릴 때는 내가 홍보하려는 쇼핑몰 연관 키워드를 적는 게 좋은데 결과적으로 노출 효과가 있다는 뜻이다.

트위터는 사용자 수가 수억 명에 달하며 스마트 기기를 통한 실시간 뉴스 어플리케이션으로 자리를 잡는 상황이다. 신문이나 TV 뉴스보다 먼저 세상의 일을 전하고 있다. 트위터의 이같은 기능은 기자가 아닌, 다수의 보통 사용자들이 전하는 정보로 전파된다. 트위터가 사람 사이를 연결하고 뉴스와 정보를 적절히 가공하고 포장해서 사람들의 손바닥 위로 고스란히 가져다주는 중이다.

페이스북과 비교하자면, 페이스북은 내가 알던 사람들과 다시 온라인에서 만나는 인맥연결 유지 기능이고, 트위터는 세상의 뉴스를 중심으로 낯선 사람과도 처음 만나서 자연스럽게 인사 나누는 게임과 같은 가상의 길과 같다. 트위터와 페이스북이 서로 다르고 앞으로도 같은 기능을 수행하진 않을 것이 확실시 되지만 어쨌든 두 서비스 모두 쉽게 멈출 것은 아니다.

다만 트위터나 페이스북이 항상 주의를 게을리하지 말아야할 부분이 있는데 그건 바로 서비스 사용자들의 행동이다. 낯선 사람과 소통하기에 싫증을 느끼거나 더 이상 의미 찾기가 어려울 때 다수의 사람들은 트위터를 떠날 것이다. 페이스북 역시 과거 만나고 싶지 않았던 사람들조차 친구 초대로 다시 연결해주는 기능이 오용된다면 사람들에게 호감 대신 원망을 불러올 것이다.

게다가 세대 간을 연결하는 참신한 기능을 계속 추가하지 않으면 새로 탄생하는 인구 수에 비해 회원 수 증가가 둔화되는, 다소 노쇠한 느낌의 구식 서비스란 이미지를 남길 수도 있다. 언니, 오빠나 형, 누나가 하던 낡은 인터넷 서비스란 오명을 얻지 않으려면 트위터나 페이스북 모두 끊임없이 변해야 한다는 뜻이다.

트위터에서 친구를 만드는
효과적인 방법!

트위터에서 많은 친구들과 인맥을 쌓고 싶다면 일일이 검색하고 새롭게 추가 하는 식의 고리타분하면서 힘든 방법은 따르지 말자. 매번 친구를 찾기도 어렵고 내가 관심을 갖는 분야의 친구들을 만나기도 어렵다.

이 경우엔, 일단 내가 관심 있는 인맥을 한 사람이라도 찾은 후에 그가 팔로윙 (following)하는 인맥을 열어보는 것이다. 주의하자. 팔로워(follower)가 아니라 팔로윙(following)이다. 트위터의 인기인은 적은 팔로윙 수에 많은 팔로워 수를 확보한 사람이다. 간혹, 팔로워와 팔로윙 수가 엇비슷한 사용자도 있지만 이들에게선 내가 쓴 글이 큰 주목을 받기 어렵다.

예를 들어보자.

A라는 사용자를 보니 팔로워가 1만 명이 넘는데, 할로윙은 100명이다. 이때, A 는 나도 팔로윙을 했으니 A의 팔로워 목록에 내가 표시된 것인데 반해서 A는 나를 아직 팔로워하지 않은 상태다. 나는 어떻게 해야 할까?

맞다. A가 팔로윙하는 100명을 일일이 클릭해서 또 하나의 팔로윙을 해두는 것이다. 이후에 어떤 일이 벌어질까 생각해 보자.

A는 자신이 쓴 트윗에 대해 최소 만 명 이상에게서 답글을 받는다. 한 번 쓴글이 1만 명에게 전달되므로, 이 글이 다시 RT되면 수만 명, 수십만 명에게 전달 된다. 이 경우, A는 자신이 쓴 글에 대해 답해오는 트윗은 일일이 읽을 수조차 없다. 단 몇 분 만에 수천 개, 수만 개의 글이 내 타임라인에 쏟아진다고 생각해 보자. 글 한 번 잘못 올렸다가 몇 주간은 답글 읽는 데 허비해야 할지도 모른다.

반면에 A는 다른 사람의 글도 읽는데, 자신이 팔로윙해둔 사용자들로부터 들어오는 트윗이다. 눈치 빠른 사람은 이미 알 것이다. 맞다. A가 팔로윙해둔 사람은

나고 팔로윙했다. 그 사람을 B라고 해보자. B가 쓴 글은 A의 타임라인에도 올라가고 내 타임라인에도 올라온다.

결국 내가 B에게 답글을 하고 언젠가 한 번은 B가 내게 답글을 달아준다면 그 글은 A에게도 전달된다. B의 글을 읽는 A가 내 글을 본다는 뜻이다. A의 팔로워로서 수만, 수천 개의 트윗에 묻혀버릴 내 트윗이 오히려 B의 트윗에 포함되어 A에게 전달되는 일이 벌어진다.

A는 B를 안다. 나를 모른다. 그러나 B를 통해 나를 알게 된 A가 내 계정에서 프로필을 보고 나를 팔로워할지 말지 결정하게 되는데, 공교롭게도 내가 A 자신을 이미 팔로윙하고 있다는 걸 알게 되는 순간 나를 팔로윙할 가능성이 커진다. A와 맞팔 관계가 되고 싶었지만 A에게 요청하는 게 아니라 B와의 대화를 통해 A와 공감하게 되면서 맞팔이 되는 것이다.

이후엔 더 재미있는 일들이 벌어진다. A와 나는 타임라인에서 트윗을 주고받는 사이가 되고, A가 내게 쓰는 글은 A의 팔로워들에게 고스란히 전달된다.

이와 같이 다수의 트위터 친구(follower)들에게 실시간으로 신상품 정보와 각종 할인 이벤트 정보를 알릴 수 있다는 게 장점이다. 불특정 다수를 친구로 만들 수 있고, 내게 필요한 특정한 대상을 찾아서 집중 홍보가 가능한 트위터, 장점이 많은 트위터는 유용한 홍보수단이 된다.

페이스북[*]

페이스북의 장점은 인맥의 재연결이다. 연락처를 잃어버리거나 헤어져서 그리운 사람을 다시 찾을 수 있게 해주는 기능이다. 한국에 예전에 있던 동창생 찾기 사이트와도 유사하고, TV에서 오래전 인연을 찾아주는 사람 찾기 프로그램과도 유사하다. 실제 동창생 찾기 사이트도 큰 인기를 끌었고, TV에서 인연을 찾아주던 방송도 시청률이 높았다. 다시 말해서 검증된 모델이었다는 뜻이다.

페이스북은 어떻게 글로벌 서비스가 되었고, 한국의 인터넷 사이트나 TV 프로그램은 국내용으로만 머물렀을까? 그 차이는 시장의 차이라고 설명할수 있다. 인구 5천만 명의 한국에서 동창생 찾기는 그리 오래 걸리지 않는 간단한 일이다. 인맥 연결에서 2~3단계만 거쳐도 동창생 찾기는 어렵지 않다. TV 방송도 마찬가지다. 방송국에 의뢰만 하면 예전 직장이나 친구, 모임, 전화번호를 토대로 헤어진 사람의 행방을 거슬러 올라가 찾아낸다.

한국에서 인맥연결, 그리운 인맥 다시 찾아주기는 시장 확산 자체가 처음부터 제한적이었다는게 문제였다.

반면에, 페이스북은 하버드대학에서 시작했다. 하버드대학 동창생 연결 사이트를 시작했고, 전 세계 글로벌 기업과 각 나라의 정계, 산업계에서 일하던 하버드 동문들을 인터넷 사이트 한 곳으로 모았다. 곧바로 이어서 미국의 다른 명문대학으로 확산했고 미국 내 명문대학 출신들을 페이스북에서 모으는데 성공한 이후 이 서비스는 곧장 글로벌화가 되었다.

정리하자면 미국의 하버드대학을 졸업한 동문들이 세계 곳곳에 흩어져 있었지만 이들 스스로 서로에게 연결할 수단이 없었던 차에 온라인을 통해 모이게 되었던 것이고, 글로벌기업에서 세계에서 활동하던 이들 영향력으로 글로벌 서비스로 확산되었다는 뜻이다. 페이스북은 애초에 시작부터가 글로벌 사이트가 된 셈이다.

그럼, 가정해볼 수 있는 게 우리나라에서 생긴 동창생 사이트도 국내 대학이나 중고등학교에 머물 것이 아니라 하버드대학이나 미국 명문대학에서 출발했으면 오늘의 페이스북이 되었을 것이란 짐작을 할 수 있다. 결국 시작점의 차이가 종점의 차이를 만들고 말았던 것이다.

다시 본론으로 돌아와서, 글로벌 사이트로 성장한 페이스북에 대해 알아보고 쇼핑몰 홍보처럼 무료로 활용할 수 있는 방법에 대해 알아보도록 하자.

(1) 아는 사람에게 홍보하라

페이스북에서 사용할 만한 기능은 담벼락에 글을 쓰는 것과 [좋아요] 기능을 사용해서 다른 친구들에게도 내가 좋아하는 것을 알려주는 방법이 있다. 이외에 상품이나 브랜드로 만드는 페이지 기능이 있다.

1) 동영상(비디오) 올리기

동영상을 올릴 때는 카메라로 동영상을 녹화하며 올리는 방법이 있고, **[동영상 업로드]**를 사용해서 컴퓨터 동영상을 불러오 기로 올리는 방법이 있다.

① 웹캠으로 동영상 녹화
[동영상 녹화_웹캠]을 누르고 카메라 사용을 **[허용]**으로 선택해서 영상을 확인한다. 내가 올리는 동영상은 같이 볼 수 있는 시청 자를 설정할 수 있는데 누구나 제한없이 보게 하거나 친구랑만 같이 볼 수도 있다. 녹화한 영상은 나중에 언제라도 **[재생]**해서 시청할 수 있다. 영상 **[공유 하기]**를 누

르면 페이스북에 내 동영상이 나타나고 다른 이들과 같이 이용할수 있다.

② 컴퓨터에서 동영상 업로드

컴퓨터에서 동영상을 선택하는데 저작권에 위배되지 않는 동영상을 올리도록 주의한다. 동영상이 업로드되는 과정이 표시된다.

2) [페이지] 만들기

페이스북에서는 사용자 계정 외에도 제품이나 브랜드, 회사나 유명인 등을 위한 홍보 계정 으로 [페이지]를 만들 수 있다. [페이지]는 페이스북을 이용하는 사람들의 계정처럼 브랜드나 상표, 상품들의 계정을 만드는 것으로 페이스북 사용자를 대상으로 하는 홍보 계정으로 사용할수 있다.

페이지를 만드는 방법은 간단하다. 페이스북에 로그인 한 후에 페이지 만들기를 선택한다.

페이지는 [지역 비즈니스 또는 장소], [회 사, 기관, 연구소], [상표 또는 제품], [예술가, 밴드 또는 공인], [엔터테인먼트], [Cause or Community]로 구분해서 만들 수 있다. 페이스 북의 페이지는 사람 이외의 것에 대한 페이스북 내에 홈페이지라고 이해할 수 있다.

단, 페이스북에 만든 페이지를 홍보하려고 할 때는 페이지를 위한 연락처 가져오기 기능을 이용할 수 있다. 내가 갖고 있는 거래처 명단이나 고객리스 트, 동창회 회원 등의 명단을 갖고 있을 경우, [연락처 가져오기]를 이용해서 업로드하고, 해당 목록의 사람들에게 페이스북 페이지를 알릴 수 있다.

페이스북 계정은 www.facebook.com/_____와 같은 형태로 표시되는 데, 페이스북 페이지는 www.facebook.com/pages/_____형태로 구성된다. 단, 영어로 만드는 페이지명은 첫 글자를 대문자로 적는다.

3) [좋아요] 기능

페이스북의 '좋아요' 버튼은 영어 사이트에서는 LIKE로 표시되는데, 다른 사이트에 있는 정보를 페이스북 계정으로 끌어와서 볼 수 있는 기능이다. 예를 들어, 페이스북에 계정을 만들고 **[좋아요]** 기능을 붙인 쇼핑몰 사이트에 각아이템들을 **[좋아요]** 해둘 경우, 내 페이스북 담벼락에 쇼핑몰에서 고른 아이템 목록 관련 정보가 노출되는 것이며, 이런 정보들은 고스란히 친구들에게도 전달된다.

'좋아요'의 애초 목적은 페이스북 사용자들의 활동을 인터넷 전반에 걸쳐 확산한다는 것이었는데, 예를 들어, 페이스북 외에 인터넷 어디에서나 마음에 드는 콘텐츠를 가져올 수 있고 해당 콘텐츠를 페이스북 안에서 이용할 수 있다는 뜻이다. 이 말을 다시 정리하자면, 내가 홍보하려는 모든 것들을 가져와서 담벼락에 전시함으로써 페이스북 친구들에게 알릴 수 있다는 것과 같다.

(2) 광고 만들기

본 도서는 SNS를 활용하는 무료 홍보에 초점을 맞추는 까닭에 돈 들어가는 홍보 방법에 대해선 본문에 담지 않지만 광고 만들기에 대해선 알아두도록 하자.

내가 만든 페이지에 광고를 넣고, 다른 사용자들로부터 광고를 받아 게재하며 수익을 올릴 수 있다. 페이지 계정을 열심히 홍보할수록 페이지뷰가 늘어나므로 내 페이지를 찾는 사람들에게 홍보할 광고주가 있으면 광고를 게재하는 조건으로 수익을 지급한다는 것이다. 내가 광고를 만들 경우 내가 홍보비용을 지불하지만 내 페이지에 다른 광고가 들어올 경우 내게 수익이 지급된다.

(3) 직접 홍보하라

페이스북을 통한 소셜마케팅이란 직접 마케팅으로 부를 수 있다. 아는 사람들 사이에서 모든 홍보 과정이 이뤄지기 때문이다. 할인 이벤트나 신상품을 비롯하여 홍보하고자 하는 모든 것들을 아는 인맥에게 전달하게 된다.

그럼, 사람들은 페이스북에 왜 오는 걸까? 나를 친구로 추가한 사람들에 대해 알아야만 그들에게 맞는 홍보를 제대로 할 수 있다. 우선, 페이스북을 하는 사람들은 친구를 다시 만나거나 또는 새로운 친구를 많이 만들고, 영어공부 등의 목적을 위해 외국인 친구를 사귀려는 의도가 있다. 다시 말해서 목적에 의한 친구 만들기를 위해 오는 경우가 대부분이다.

그렇다면, 오프라인에서 친구 사이에 부탁과 거절이 어려운 반면, 온라인인 페이스북에서는 홍보와 관심 유무 결정이 자유롭다는 이점이 있다. 페이스북에서 만났지만 페이스북에서 헤어질 수도 있다는 자유로움이 주는 여유라고할 수 있다.

카카오톡[*]

무료 어플리케이션 카카오 톡에 대해 알아보자. 스마트폰을 사용하여 문자메시지를 보내고 받을 때 [무료]라는 점이 사용자들에게 크게 부각되며 회원 수가 급증하는 인기 어플리케이션이다. 카카오톡은 전세계 아이폰과 안드로이드폰 사용자간 무료로 실시간 그룹채팅 및 1:1 채팅을 할 수 있는 연락처 기반 메신저 서비스라고 소개되어 있다.

이 말은, 카카오톡이 스마트폰 사용자의 기기에 저장된 연락처를 자동 검색하여 카카오톡 대화 상대로 자동 등록해주고, 언제든 서로 채팅하거나 문자메시지를 보낼 수 있게 해준다는 뜻이다. 카카오톡을 이용하면 상대방이 보낸 문자메시지를 실시간으로 받을 수 있고, 또한 사진이나 동영상, 연락처 등의 다양한 정보도 간편하게 주고받을 수 있다. 채팅을 위주로 이미지 첨부 등이 자유롭고 선물 추가도 가능하다.

단, 카카오톡은 스마트폰 사용자의 전화번호, 이메일 주소 등의 정보를 활용하여 사용자끼리 인맥을 연결하는 서비스다. 또한, 푸시기능을 설정하면 수시로 메시지 수신 알림메시지가 나온다.

● 홍보 주안점 ●

트위터나 페이스북과는 다르게 카카오톡은 홍보 방법이 지극히 단순할 수밖에 없다. 주로 친구 사이에서 문자메시지를 나누며 이미지나 영상 등을 공유하는 형태로 이용되는 까닭이다. 연락이 끊어졌던 친구들과 다시 만나서 연결되는 것도 아니고 낯선 사람을 만나서 대화를 나누는 것도 아니다.

물론 카카오톡 아이디 계정을 사용하여 모르는 이들과 친구관계가 될 수는 있지만 이 경우에도 문자메시지 교환이라는 전형적인 것 외에는 특별한 홍보용 방편을 찾아서 활용하기가 어렵다. 게다가 [선물하기] 기능 역시 카카오톡 관련 서비스 운영업체와 연결되어 상품이나 쿠폰 등이 거래될 수 있으므로 개개인의 쇼핑몰 상품과는 큰 연관성이 없다.

이 경우 카카오톡을 사용하여 홍보를 하자면 일상 대화에서 오프라인처럼 얘기하는게 가장 빠르고 정확하다. 상대방의 이야기에 대한 [동의]와 [배려]를 통해서 상대방의 이야기를 들어주고 맞장구쳐주다 보면 서로 친밀감을 갖게 되고 상대 친구가 하는 일에 대해 관심을 갖게 된다. 스스로 우러나와서 자발적으로 입소문 내주는 홍보가 필요하다는 뜻이다.

카카오톡에서는 트위터에서처럼 상대방의 친구 수를 알지 못한다. 또한, 페이스북처럼 좋아요 기능을 사용하지 않으므로 직접 물어보기 전에는 상대가 어떤 콘텐츠를 좋아하는지도 모르고 상대의 카카오톡 화면을 들여다볼 수도 없다.

따라서 카카오톡에서는 상대방의 메시지에 동의하고, 배려해주는 방식으로 친밀감을 유지하며 인맥을 유지해주는 게 좋다. 상대방이 스스로 입소문내주는 순간이 빨리 올 것이다.

카카오톡에서 쇼핑몰 홍보를 하는 방법으로 '카카오스토리'를 활용할 수 있다. 이미지를 업로드 할 때 쇼핑몰 로고, 상품이미지를 올려두면 친구들이 내프로필 사진을 보며 기억하게 된다.

홍보에 도움되는 기능들 알아두기*

블로그와 SNS소셜네트워크서비스에서 이용되는 여러 가지 홍보 기능에 대해 살펴보도록 하자. 이미 많은 사람들이 이용하는 방법이긴 하지만 SNS의 등장 이후 사용 빈도가 다소 축소되는 경향도 있다. 스마트폰 사용자 수가 전체 컴퓨터 사용자 수의 절반 이상을 넘어서며 나타난 현상이기도 한데, 앞으로 모바일 인터넷 이용자 수가 늘면 늘수록 사용 빈도가 줄어들고 어쩌면 과거의 뒤안길로 사라질 운명에 처하게 될 기능들일 수도 있다. 그러나 당분간은 꾸준히 사용 되는 기능들이므로 컴퓨터를 사용하는 블로그 관리에서라도 이용할 수 있도록 알아두자.

(1) RSS

블로그를 운영하는 사람들은 열심히 하는데 왜 방문자가 안 늘까 고민한다. 이들은 하루에도 몇 번씩 블로그에 글을 올리고 열심히 한다는 것이다. 그러나, 블로그 방문자 수는 조금씩 늘어나는 것 같을 뿐, 만족할 만한 수준이 아니다.

다른 사람들 블로그에는 많이 몰려가는 것 같은데 왜 내 블로그에만 사람들이 오지 않을까? 이럴 때 알아둬야 하는 기능으로 RSS가 있다. RSS란 쉽게 말해서 블로그에 오지 않고 RSS 사이트나 관련 프로그램으로 자신의 사이트 에서 편하게 받아보는 기능이다.

RSS 기능은 많은 블로그를 찾아다니며 글을 찾느라 낭비할 수 있는 시간을 절약해주는데, 내가 등록해둔 RSS 주소만 있으면 내게 도움될 만한 글들을 내가 지정한 페이지에서 볼 수 있는 기능이다. 이때 RSS 기능으로 배달된 글들을 보다가 추가 정보나 자세한 내용을 알고 싶으면 그제서야 해당 블로그로 가면 된다.

(2) 구글에 등록

구글'에 블로그 주소를 등록한다. 아래 주소를 따라서 가보자.

http://www.google.co.kr/intl/ko/add_url.html

아래 페이지가 표시될 것이다.

사이트 등록 페이지다.

빈칸에 사이트 주소를 넣고 마무리 된다.

(3) 검색어 태그 설정

사람들은 네이버, daum, 네이트 등에서 검색 결과를 정보로 얻는 경우가 대다수다. 그런데 예전에 단일어였다면 점차적으로 문자을 검색하는 사람들이 많다. '꽃배달'이라는 검색을 하던 사람이 '꽃배달 싼 곳' 등처럼 추가 정보를 문장으로 검색하는 게 트렌드라는 뜻이다. 내가 홍보하려는 사이트나 아이템에 대하여 단일어보다는 연관된 문장으로 태그를 설정하는 게 좋다.

(4) 위젯

위젯은 블로그의 관리자 메뉴에서 관리한다. [위젯] 메뉴로 가서 위젯을 고르자. 위젯을 골랐다면 내가 홍보하려는 쇼핑몰이나 사이트 주소를 링크 걸어두고 위젯으로 사용할 이미지도 직접 입력할 수 있다. 최적 크기는 사이트에 맞도록 조절한다.

(5) 본문 링크

블로그에 글을 쓸 때 쇼핑몰이나 아이템 등, 홍보하려는 대상과 연관된 영역을 지정하여 링크를 걸어주는 방식이다. 글쓰기 메뉴에서 [링크] 기능 이미지를 클릭, 링크로 연결한 주소를 붙여넣기 한다. 블로그 글을 읽다가 밑줄로 표시되는 텍스트 영역이 링크가 된 부분이며 마우스로 클릭하면 해당 페이지로 이동한다.

이와 비슷한 방식으로 텍스트를 노출하는 방법도 있다. 텍스트 노출은 문장이 아니라 단어를 활용해서 링크를 걸어주는 방식이다. 예를 들어, 블로그에 글을 쓰다가 [빅터리쇼]라는 단어를 입력하고 여기에 빅터리쇼 사이트 주소를 링크해두었다고 하면, 블로그 방문자가 글을 읽다가 해당 단어를 클릭하고 빅터리쇼 사이트로 이동해 온다는 뜻이다.

그다지 새롭지 않고 고전적인 링크 방법이긴 하지만 많은 사람들이 아직도 이 방법을 주로 사용하고 있는 것에서 알 수 있듯이 누구나 사용하기 쉽고 편리하다는 장점이 있다.

(6) 정보 첨부_ 링크 걸기

블로그에 글을 쓰고 관련 내용을 해당 사이트에 올라온 기존 정보로 추가하고자 할 때 사용한다. 글을 다 쓰고 하단에 기능 설정 메뉴에서 [정보 첨부]를 누른 후 검색한 뒤에 관련 정보를 선택하게 되면 내가 쓴 블로그 글 내용에 관련 정보로 표시된다.

(7) 트랙백

예전에 요긴하게 사용되던 방법이다. 내가 쓴 글에 대해 다른 의견을 추가 하거나 할 경우 블로거들이 내 글을 가져가서 자신의 블로그에 글을 쓰면 내 글과 연관된 글로 트랙백 혹은 엮인글 이란 표시가 되어 첨부된다. 댓글로 쓰기엔 글 내용이 많을 경우 [트랙백] 기능이 가능한 글에서 트랙백을 선택, 내 블로그로 가져와서 관련 글을 쓰는 방법이다.

인기 블로거의 블로그에 가면 사람들이 많이 찾는 글들이 보이는데, 이때 내가 의견을 추가하고자 할 글을 고르고 트랙백을 걸어서 내 블로그로 가져 와서 추가 의견으로 작성한다. 이렇게 하면, 다른 사람들이 인기 블로거의 글을 보다가 그 아래에 달린 내가 쓴 트랙백 글도 보게 되고 관심을 갖는다면 내 블로그로 이동하게 되는 방법이다.

(8) 사업자 표시

블로그의 영리활동 으로 인하여 사회적으로 문제가 되자 수익형 블로그를 운영하는 사업자의 경우 블로 그에 반드시 사업자 정보를 표시하도록 했다. 따라 서, 블로그를 운영하는 사업자들은 블로그를 통해 수익활동을 할 수있는 한편, 반드시 사업자 정보를 기재해야한다.

(9) 인터넷매체 등록

블로그를 1인 미디어로 하여 실제 인터넷신문으로 등록하고 사용할 수 있다. 관련 서류를 갖춰 광역시 또는 관할 구청에 민원접수팀에 신고하면 된다. 단, 인터넷신문 매체의 이름을 정할 때는 다른 매체가 사용하고 있지 않은 이름이어야 하므로 확인하고 등록업무를 진행하기 바란다.

인터넷신문은 매체로 등록할 때 누구나 관련 요건을 갖추면 허가를 받을 수있으며, 정기간행물신고서를 작성하여 첨부 서류를 준비하도록 하자.

정기간행물신고서

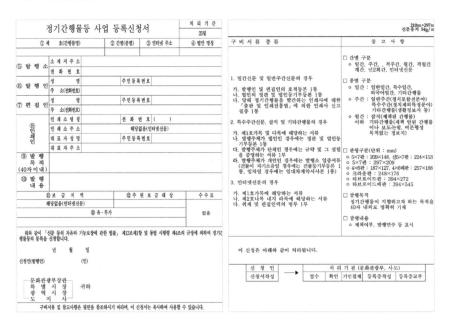

인터넷신문사업신청서

신문사업 · 인터넷신문사업 등록신청서 | 처리기간 25일

구 분	신청인(대표자) 제출서류	담당 공무원 확인사항 (동의하지 아니하는 경우 해당 서류 제출)

①제 호(신문명) ②간별(종별) ③인터넷 주소 ④법인 명칭

⑤발행소 — 소재지 주소 / 전화번호
⑥발행인 — 성 명 / 주민등록번호 / 주 소 (전화:)
⑦편집인 — 성 명 / 주민등록번호 / 주 소 (전화:)
⑧인쇄인 — 인쇄소 명칭 (전화:) / 인쇄소 주소 / 대표자 성명 / 사업자등록번호 / 대표자 주소
⑨발행목적 (40자 이내)
⑩발행내용
⑪보급지역 ⑫주된 보급대상
⑬유가·무가(有價·無價)

「신문 등의 자유와 기능보장에 관한 법률」 제12조제1항 및 같은 법 시행령 제4조제1항에 따라 위와 같이 신문 또는 인터넷신문의 등록을 신청합니다.
년 월 일
신청인(발행인): (서명 또는 인)
시·도지사 귀하

※ 구비서류 및 참고사항은 뒷면을 참조하시기 바라며, 이 신청서는 복사하여 사용하실 수 있습니다. 수수료 없음

210mm×297mm[일반용지 60g/㎡(재활용품)]

취재편집명부

신문사업 · 인터넷신문사업 등록신청서 | 처리기간 25일

①제 호(신문명) ②간별(종별) ③인터넷 주소 ④법인 명칭

⑤발행소 — 소재지 주소 / 전화번호
⑥발행인 — 성 명 / 주민등록번호 / 주 소 (전화:)
⑦편집인 — 성 명 / 주민등록번호 / 주 소 (전화:)
⑧인쇄인 — 인쇄소 명칭 (전화:) / 인쇄소 주소 / 대표자 성명 / 사업자등록번호 / 대표자 주소
⑨발행목적 (40자 이내)
⑩발행내용
⑪보급지역 ⑫주된 보급대상
⑬유가·무가(有價·無價)

「신문 등의 자유와 기능보장에 관한 법률」 제12조제1항 및 같은 법 시행령 제4조제1항에 따라 위와 같이 신문 또는 인터넷신문의 등록을 신청합니다.
년 월 일
신청인(발행인): (서명 또는 인)
시·도지사 귀하

※ 구비서류 및 참고사항은 뒷면을 참조하시기 바라며, 이 신청서는 복사하여 사용하실 수 있습니다. 수수료 없음

210mm×297mm[일반용지 60g/㎡(재활용품)]

자, 여기까지 블로그와 SNS를 활용하여 온라인에서 홍보하는 매우 기초적인 방법에 대해 알아봤다. 물론, 필자가 소개하는 방법 외에도 더욱 많은 방법이 온라인 홍보에 사용된다. 일례로 지식검색 페이지에서 다른 사람의 질문에 답변을 올리면서 내가 홍보하려는 키워드 글자색만 하얀색으로 설정했던 일들이 가능했던 시기도 있었다.

이 방법의 효과를 생각해보면, 인

기 질문일 경우 많은 사람들이 보게 되는데, 이때 검색결 과를 보여주는 프로그램이 내가 숨겨준^{하얀색으로} 키워드까지 긁어서 해당 검색결과로 보이는 덕에 자주 노출되던 방법이다. 글자색을 흰색으로 해둬서 사람 눈에는 안 보이지만 검색로봇에는 수집되는 방법이었다.

이 외에도 전문 온라인 홍보업체들이 등장했다. 전국적으로 인터넷 사용자들을 회원으로 모집하고, 기업체나 개인에게 의뢰를 받아서 특정 검색어를 동시에 짧은 시간 간격으로 포털사이트에서 검색하는 방식이다. 이를 통하면 인기검색어에 오르게 되고, 궁금증이 생긴 사용자들로부터 순간적으로 수많은 클릭을 유도할 수 있었다.

하지만, 틈을 찾는 사람들이 있으면 틈을 메꾸는 사람도 있다. 위에서 말한 홍보 아이디어는 이제 더 이상 쓸모 없는 경우가 많고 하더라도 효과가 별로 없는 경우가 대부분이다. 그래서 스마트폰 시대에 맞춰 SNS를 활용하는 홍보를 소개하기에 이른 것이다.

블로그는 이제 어디로 갈까? 이 질문에 대한 대답은 다양한 형태로 또 변화할 것이지만 사라지진 않는다가 되겠다. 스마트폰이 열어버린 사용자 중심 인터넷환경 덕분이다. 포털사이트가 정보를 통제하던 시기에서 SNS를 통한 정보의 통제불가 시대에 살고 있다는 뜻이다. 블로그에서 전문가들이 등장하고 유명인이 나왔다면 뒤이어 SNS에서 영향력을 갖는 메시지 사용자들이 나타났다.

이어서 블로그의 모습은 또 어떤 모습이 될지 모르지만 한 가지 확실한 것은 통제불가 시대가 확산되어 특정 사이트나 개인이 정보를 유통할 수 있는 시대이기 때문에 사람들은 보다 많은 정보의 홍수 속에 살 것이란 부분 이다.

예를 들어 트위터, 페이스북, 카카오톡을 통해 친구나 지인으로부터 낯선 사람들로부터 정보가 쏟아지고 뉴스가 흐르게 되면 개개인의 인터넷 이용 환경은 지극히 편협하게 된다. 모든 정보를 다 소화할 수 없으므로 지극히 편협한 사고방식으로 자신에게 맞는 자기 스타일의 매체를 선택하게 되는데, 어디를 가나 비슷비슷한 정보가 있는 새로운 서비스를 찾기보다는 한곳에 안주 하며 인맥들이 가져다주는 정보를 소비하기를 원할 것이기 때문이다.

협한 사고방식으로 자신에게 맞는 자기 스타일의 매체를 선택하게 되는데, 어디를 가나 비슷비슷한 정보가 있는 새로운 서비스를 찾기보다는 한곳에 안주 하며 인맥들이 가져다주는 정보를 소비하기를 원할 것이기 때문이다.

돈 되는 즐거움이란 페이스북에 페이지를 만들고 광고를 유치하여 벌게 되는 수익이 있고, 유튜브에 동영상을 올리고 구글이 실어주는 광고를 통해 수익을 버는 방식을 말한다. 게다가 트위터 계정을 만들어서 특정 기업에게 판매할 수도 있으니 말이다. 여기에 가장 큰 혜택으로 돈 안 드는 온라인 홍보 아이디어를 통해 인터넷에서 돈 쓸 일이 없게 되니 결국 돈 되는 블로그를 갖게 되는 셈이다.

PART 03

내 손안의 인터넷쇼핑몰 무료 홍보하기

또 다른 SNS 남보면 다저 활용하기

핀터레스트를 소개하기에 앞서 여성을 위한 SNS라는 애칭을 갖고 있는 핀터레스트의 시작은 의외로 단순하다는 점을 알고 가자. 한마디로 집 냉장고에 붙어 있던 쪽지를 보고 온라인으로 옮기자고 했던 게 핀터레스트의 시작이라고 하니 말이다.

여성들이 주로 사용하는 냉장고 쪽지, 그 사용방법은 냉장고 안에 들어 있는 반찬의 종류나 마트에 가서 사야 할 상품명을 기록해둔 것 등 다양한데, 늦게 들어 오는 가족에게 전달할 쪽지도 붙여넣고 공부하는 사람은 영어단어나 한자를 붙여놓기도 하지 않는가? 냉장고 쪽지가 온라인으로 들어온 것, 그게 바로 핀터레 스트다.

우선, 핀터레스트의 장점은 이렇다. 이전의 사용자들은 정보를 보기 위해 블로그에 방문해서 보거나, 친구들의 SNS로 알게 된 페이스북에 방문해서 해당 사용자의 글을 보고 댓글을 달아주던 불편이 있었다. 자기가 찾는 정보를 보기에 앞서 페이스북이나 트위터에 로그인을 해야 했던 것이다. 뿐만 아니라 텍스트 위주로된 글들을 찾아보면서 흡사 교과서를 보거나 다른 사이트에서 기사를 읽는 느낌을 가졌다고 보는 게 맞다.

그런데 핀터레스트는 다르다. 핀터레스트는 테마에 맞게 모든 사용자들의 페이스북(블로그 등)에 올라온 이미지 중심 콘텐츠를 자신의 첫 페이지로 불러와서 다른 사람들(친구 아닌)이 올린 내용을 일시에 살펴보며, 자신의 의견을 추가할수 있는 것이다.

눈앞에 펼쳐진 예쁜 이미지들과 호기심을 끄는 장면들로 인해 핀터레스트 사용자들은 딱딱한 텍스트 대신에 이미지와 사진들을 보고 서로 공감하여 감정 소통을 먼저 나누게 된다. 개인정보를 통해 인맥을 만드는 것도 아니고 유명인을 따라가며 뉴스를 듣는 것도 아니다. 단지 내가 좋아하는 이미지를 찾아서 같은 이미지를 좋아하는 사람들과 공감하고 서로 의견을 나누는 것, 감성 소통의 SNS가 핀터레스트다.

이미지로 소통하라_ 핀터레스트*

SNS는 인스타그램, 트위터, 페이스북, 카카오톡만 있는 건 아니다. 국내에 널리 알려진 SNS가 위 4개 이지만 미국 등 해외에서는 페이스북의 뒤를 이어 다양한 SNS들이 등장하고 성장세를 이어가는 중이다. 그 가운데 눈여겨봐야 할 게 바로 핀터레스트(www.pinterest.com)이다. 일명 여성을 위한 SNS라고 불릴 만큼 재미있고 예쁜 SNS다. 마크 주커버그도 가입해서 계정을 만들었다고 하는 이 핀터레스 트는 페이스북과 제휴하고 페이스북 계정으로 로그인 가능한, 이른바 페이스북 어플리케 이션이다.

(1) 핀터레스트

핀터레스트에 계정을 만들어 보자.

핀터레스트는 초기엔 기존 사용자로부터 초대장을 받아야 계정을 만들 수 있었다. 핀터레스트 초대장은 사이트에서 초대 요청하기 등을 통해 쉽게할 수 있고, 초대장 개수에 제한이 없어서 사용자들은 초대 요청에 잘 응하는 편이 었다.

핀터레스트 초대장, 핀터레스트 계정 만들기를 시작해 보자.

페이스북 계정으로 사용할 수 있다.

핀터레스트는 페이스북 어플리케이 션이며, 페이스북 친구들이 내가 핀터 레스트를 사용하는 것에 대해 볼 수 있도록 설정할 수 있다. 핀터레스트는 내가 좋아하는 제품이나 기타 이미지를 올려두고 다른 이들과 감성을 통해 소통하는 온라인 핀보드라는 설명이다.

(2) 계정 만들기

USERNAME사용자명과 이메일, 비밀 번호를 기입한다. 사용자명은 최소 3글자 이상으로 설정한다.

핀터레스트 사용자명을 정해서 넣었다. 이메일과 비밀번호를 넣고 클릭한다.

(3) 관심 분야 선택하기

내가 좋아하고 관심 있어 하는 분야를 선택하는 단계다. 건축, 아트, 음식, 정원, 아이들 등 다양한 카테고리가 있다. 핀터레스트에서 이 과정을 진행하는 이유는 사용자가 좋아하는 분야를 통해 다른 사용자들에게 소개하고 서로 인맥을 맺을 수 있도록, 관심사가 같은 사람들 끼리 연결해주기 위해 거치는 단계다.

관심사 개수는 상관없다. 내가 좋아 하는 것들에 대한 관심사 선택이 끝나면 같은 페이지 제일 아래에 FOLLOW PEOPLE을 누른다. 공통 관심사를 지닌 사용자들을 찾아 나선다.

내가 선택한 관심사를 바탕으로 다른 사용자들이 추천되어 나타난다.

팔로윙FOLLOWING할 사용자를 선택한 다음 내 핀보드, 즉 핀터레스트 게시판에 콘텐츠를 업로드할 순서로 이어진다. 기존 친구관계 사용자는 언제든 언팔UnFollowing할 수 있다.

(4) 핀보드 만들기

핀터레스트 게시판핀보드 이름을 정하는 과정이다. 내가 사용할 게시판 이름을 마음대로 정할 수 있다. 추가할 수도 있고, 기존 핀보드 이름을 다시 바꿀수 있다. 핀보드는 내 계정 페이지에서 마치 메모지를 붙여 배열하는 것처럼 표시된다.

(5) 핀잇

눈여겨봐야 할 기능 하나는 '핀잇Pin It'이다. 내 웹브라우저에 메뉴를 표시해 두고, 내가 인터넷 서핑을 할 때마다 마음에 드는 이미지가 나오면 언제든 핀잇 버튼을 눌러 핀터레스트로 가져와서 표시되게 할 수 있다.

페이스북에서 [좋아요]를 사용하는 것과 비슷한데, [좋아요] 버튼은 콘텐츠를 올리는 사람이 [좋아요] 버튼을 넣어줘야만 페이스북 사용자들이 자기 계정으로 가져갈 수 있는 반면에 핀터레스트는 마음에 드는 이미지를 찾으면 핀잇할 수 있다. 웹브라우저에 핀잇 버튼을 넣는 방법은 참조 동영상을 참고한다.

드디어 나만의 핀터레스트 페이지가 완성되었다. 다른 이들에게 핀터레스트를 소개하고 초청할 수 있다. 페이지에 나타나듯 내가 선택한 카테고리에 다른 사용자들이 올린 이미지가 표시되고, 또 다른 사용자들이 올린 댓글을 볼 수 있다. 특정한 이미지에 대해 사람들이 어떤 기분을 갖는지 서로 감정을 소통할 수 있는 SNS인 것이다.

Internet Shopping Mall

텍스트 시대가 떠나고 이미지 시대가 등장_
지금 당장 블로그에 사진을 넣어라*

핀터레스트는 내가 선택한 것에 대해 다른 사람들의 반응이 궁금한 블로거와 SNS 사용자 들의 호기심을 해결해주는 딱 좋은 SNS다. 다른 이의 선택을 보고, 듣고, 읽고 그에 대한 의견을 추가하여 댓글로 달리는 사람들의 호기심이 맞아떨어진 SNS라는 뜻이다.

(1) 장점 : 이미지 댓글 소통

핀터레스트의 장점은 친구 아닌 사람들 글에도 댓글이 가능하다는 점이다.

특별한 분야에 취미와 생각, 개성이 같은 친구를 만날 수 있다는 점도 부각되는데, 트위터는 다른 사용자들과 최소 한 번 이상의 대화를 해봐야 하고, 페이스북은 친구를 불러온 후에도 여러 시간 같이 지내봐야 상대방 스타일을 알게 되는데, 핀터레스트는 사람을 만나고 알아가는 과정이 필요 없이, 누군가의 스타일을 먼저 보고 친해지는 순서 역행으로 친해지기 때문이다.

(2) 단점 : 감성 정보 노출

핀터레스트의 단점은 사람들의 감성 정보까지 노출된다는 부분이다.

생각해 보자. 페이스북은 사용자의 개인정보를 파악해서 친구관계를 구성하고, 그들이 나누는 대화 내용과 자주 가는 사이트 정보를 추가분석해서 개인정보를 통계내고 이용했다. 해커가 우리의 정보를 빼내가려고 노력할 필요도 없이 우리 스스로 각자의 정보를 해커에게 내준 것과 같다.

이와 비교하여 핀터레스트는 사용자의 이미지 호감도 정보와 친구들의 반응 호감도 정보를 모아서 분석함으로써 페이스북과 핀터레스트가 합쳐지면 우리 사용자들은 개인의 물리적 정보와 감성적 정보까지 모든 것을 페이스북에게 내주게 될 우려가 생긴다.

예를 들어, A라는 페이스북 사용자는 이미 자신의 이메일 연락처와 출신 학교, 직장 등을 통해 친구를 만나는 기쁨(?)을 누리는 대신 자신이 걸어온 길을 페이스북에게 내줬다. 만약 길에서 누군가 낯선 사람이 출신 학교와 나이를 물어보고 직장은 어디를 다니는지 알아보려고 한다면 곧장 경찰을 불렀을 A가 자기 스스로 정보를 입력했다는 뜻이다.

여기에 페이스북 계정으로 핀터레스트에 가입한 A는 이미지와 동영상 등을 보며 자신이 어떤 감정을 느끼고 어떤 기분인지 댓글을 달아준다. 이 순간 A의 감성과 심리적 취향이 고스란히 페이스북 서버에 저장된다는 뜻이다.

앞에서 언급했던 우려가 바로 우리가 원치 않은 순간에 서버 이상 및 해커의 등장으로 우리의 정보가 누군가 제3자의 손에 들어갈 수 있다는 뜻이다. 이 점은 SNS의 이면에 숨겨진 또 하나의 단점이라고 볼 수 있다.

● 홍보 주안점 ●

핀터레스트의 장점과 단점을 알았다면 이제 여러분에게 필요한 기능만 골라서 쓰고, 단점은 피해가되 장점은 충분히 누리는 지혜를 발휘해야 할 순간이 다. 핀터레스트의 장점은 바로 이미지 활용이다. 가령 내 쇼핑몰에서 판매하는 아이템의 사진을 [핀잇] 기능으로 핀터레스트 계정으로 불러올 수 있다. 동영상도 가져올 수 있는 것은 물론이다. 그렇게 상품 아이템 이미지를 가져 오면 다른 사람들이 어떻게 생각하는지 다양한 의견을 들을 수 있다. 의견을 듣는 과정은 아이템을 알리는 과정인 동시에 시장조사를 거치는 과정이기도 하다.

신상품 이미지를 올리고 사람들이 어떻게 생각하는지 댓글로 사전조사를 할수 있고, 구매를 원하는 사람들이 어디에서 살 수 있는지 물어보는 댓글을 남길 수도 있다. 핀터레스트가 하나의 거대한 쇼핑몰이 되어 각 상품에 대해 자신의 감성이 느낀 바를 댓글로 남겨주는 것이다.

PART 04

내 손안의 인터넷쇼핑몰 무료 홍보하기

팟캐스트로
홍보방송
만들기

인터넷방송이 인지도를 높이고 있다. 실제 스마트폰 사용자들 가운데 방송 콘텐츠를 자주 이용하는 것으로 나타났다.

팟캐스트의 장점은 언제 어디에서나 들을 수 있다는 편리성에 있으며 지상파와 케이블 방송에서 다루지 않는 소수의 개인을 위한 알차고 다양한 소재의 방송 콘텐츠가 인기를 끄는 요인이 되었다.

특히 [나는 꼼수다] 팟캐스트 방송에 대해 알고 있는 사람의 비율은 스마트폰 사용자의 90%가 넘었는데, 방송 청취자 수는 대략 우리나라 인구의 20%로 1천만 명가량이 최소 한 번 이상 청취한 것으로 조사되었다.

팟캐스트는 2011년 애플社의 아이폰, 아이패드 제품 판매량이 300만 대에 육박하면서 많은 사용자를 확보한 인기 콘텐츠가 되었는데 스마트 기기에서 사용되는 특성상 트위터, 페이스북 같은 소셜미디어로 지칭할 수 있으나 정보의 교류 관계가 아니라 생산자와 소비자가 있는 콘텐츠를 중심으로 교류가 이뤄진다는게 특징이다.

게다가 블로그가 1인 미디어로서 붐을 일으킨 것처럼 팟캐스트 역시 스마트폰에서 사용하는 하나의 미디어툴의 기능을 갖되, 텍스트 미디어의 한계를 벗어나 오디오와 비디오 미디어로서 블로거가 진출 가능한 새로운 온라인 세상이 되었다.

우리나라에 2009년 11월 아이폰이 첫 출시된 이후 팟캐스트 초창기 콘텐츠는 지상파 방송을 다시 듣는 정도였는데 2011년 4월 [나는 꼼수다]가 첫 출현하고 인기를 얻으면서 [유시민의 따뜻한 라디오], [저공비행], [시사난타 H], [나는 꼽사리다] 등으로 이어지며 팟캐스트의 시대를 열었다.

기존 미디어의 대항으로 1인 미디어를 내세우며 블로그가 시작된 것처럼 기존 방송매체에 대한 대항마로 팟캐스트가 개인방송 형태를 띠며 시작되었다. 그래서 팟캐스트는 블로그와 같은데, 텍스트 미디어가 블로그라면 오디오, 비디오 미디어가 팟캐스트가 된다.

[나는 꼼수다]에 이어 기성 정치인과 정당들이 팟캐스트를 시작하자 개인들도 참여를 하기 시작했는데 2011년 9월 시작된 [듣기 싫으면 관두시고]를 비롯하여, [어쩌다 마주친 방송], [마인드 골프], [나는 일반인이다], [나는 연애 고수다], [누나 화났다] 등의 일반인 팟캐스트들이 인기를 끌며 등장했다.

다양한 장르에서 폭발적 인기를 얻고 확산되어가는 팟캐스트의 인기 요인은 무엇일까? 그건 바로 만들기가 쉽다는 점이다. 아이폰으로 오디오를 녹음하고 필요한 부분만 앞뒤로 잘라내면 끝이다. 그리고 팟캐스트를 호스팅해주는 유료나 무료 사이트에 업로드하면 팟캐스트 방송이 된다.

만들기가 쉽다는 점 외에 팟캐스트가 인기를 끄는 요인은 스마트폰을 플랫폼으로 사용한다는 점이다. 언제 어디에서나 편리하게 들을 수 있기 때문이다. 블로그나 아프리카 등의 방송은 컴퓨터 앞에 앉아 텍스트를 작성하고 읽어야 하며, 웹카메라를 맞추고 모니터를 바라보며 앉아 있어야만 한다는 것도 불편하다.

게다가 트위터가 인기를 얻고 페이스북 사용자가 늘어나면서 팟캐스트 역시 인기를 끌고 있다. 세 가지가 모두 서로 공조하면서 스마트폰 미디어 시대를 열어 가는 분위기다. 트위터가 텍스트 뉴스를 전달하고, 팟캐스트가 오디오, 비디오 뉴스를 다루며, 페이스북이 친구들끼리 정보교류 문화를 나눠갖는다는 것으로 이해할 수 있다.

한 가지 팟캐스트에 대해 기대해볼 만한 것은 미국에서는 팟캐스트가 인기를 얻으면서 기성 방송미디어처럼 광고를 넣는 경우도 많이 생겼다. 블로그나 유튜브가 인기를 끌다가 광고를 넣는 수익구조를 만들 어낸 것처럼 팟캐스트 역시 이제 시장으로서 초기에 선점하는 사용자가 광고 섭외에서도 우선권을 얻으리라 고 유추할 수 있는 것이다.

블로그와 유튜브, 트위터와 페이스북처럼 사람들이 열광하기 시작한 팟캐스트에 대해 알아보자. 팟캐스트 방송은 어떻게 하고 어떻게 만드는 것인지 설명한다.

팟캐스트 방송 호스팅*

팟캐스트(Pod Cast)는 애플社의 아이팟(iPOD)과 브로드캐스팅(Broadcasting)을 합친 단어로 스마트 기기와 태블릿 PC의 확산과 더불어 TV시청자 수가 줄어드는 상황에서 미래 미디어로 등장할 가장 강력한 매체이기도 하다. 지상파를 위주로 대규모 자금이 투입되는 블록버스터뿐 아니라 이젠 전 세계 개인이 직접 방송을 만들어 올리는 방송 콘텐츠 다양화 시대가 열렸다.

(1) 로그인

팟캐스트를 지원하는 사이트에서 회원가입을 하고 로그인한다.

(2) 파일 업로드 하기

해당 사이트에서 나만의 오디오, 동영상 파일을 업로드한다.

드디어 파일이 업로드되었다. PLAY를 눌러서 시청할 수 있고, 트위터와 페이스 북으로 다른 사용자들과 공유할 수 있다.

(3) 방송 만들기

그럼, 오디오나 동영상 파일은 어떻게 만들 수 있을까? 초보자인 경우 아무 것도 모르는데 전문적인 장비나 사람들이 필요한 거 아닐까? 걱정할 필요없다. 스마트폰 사용자라면 자신이 갖고 있는 기기 하나면 된다. 어플리케이션을 설치하고 언제 어디에서나 팟캐스트를 만들어 보자.

우선, 녹음은 스마트폰의 녹음 어플리케이션을 사용하면 된다. 차 안에서 녹음하거나 자기 방에서 문 잠그고 조용히 녹음하면 된다.

이렇게 녹음한 오디오 파일은 편집프로그램으로 베가스VEGAS나 골드웨이브 GoldWave 등을 사용해서 서로 잇거나 잘라낼 수 있다. 동영상 역시 스마트폰 카메라로 촬영하고, 컴퓨터에서 팟인코더 프로그램을 사용해서 잘라내고 붙이기를 할 수 있다. 자막도 넣고 기초적인 편집효과까지 가능하다.

TIP 아이폰의 녹음 기능으로 오디오 파일을 녹음했는데 어떻게 컴퓨터로 옮기는지 잘 모를 때가 있다. 이 경우 윈도우 프로그램에서 [윈도우 탐색기]로 아이폰 폴더를 찾아 오디오 파일을 마우스로 누른 상태에서 컴퓨터로 옮기는 방법도 있으며, 아이폰을 컴퓨터에 연결한 후 폴더에서 오디오 파일을 꺼내는 방법도 있다.

이도 저도 헷갈릴 때는 가장 쉬운 방법으로 오디오 파일을 하나씩 선택한 후 [공유] 기능을 눌러서 이메일로 보내는 방법도 가능하다. 아이폰에 녹음된 오디오 파일들이 내가 쓰는 이메일로 도착한 것을 확인할 수 있다.

이 방법 외에도 자신이 갖고 있는 스마트폰 한 대만 있어도 팟캐스트 생방송을 할 수 있는 장비로 충분하다. 언제 어디에 있던 간에 팟캐스트 방송이 이어지는 것이다.

① iOS 운영체제 스마트 기기
아이폰, 아이팟터치, 아이패드를 사용하며 아이폰으로 음성을 녹음하거나 영상을 촬영해서 업로드하면 팟캐스트 방송이 시작된다.

② 안드로이드 운영체제 스마트 기기

안드로이드 스마트 기기에서도 어플리케이션 설치 및 사용이 가능하다.

안드로이드폰이나 애플社의 iOS 운영체제 기기들을 쓴다면 카메라로 촬영하거나 녹음 기능으로 오디오를 녹음해서 계정에 올리기만 하면 팟캐스트 방송이 된다. 초보자일 경우엔 전문적인 녹음편집 장비도 부족하고 실력도 기대하기 어렵다는 단점이 있지만 사용 경험이 늘어나면서 점차적으로 나아질 것이다.

팟캐스트 방송 듣기 *

스마트 기기에서 팟캐스트를 이용하는 방법은 iOS 기반 스마트 기기에서 앱스토어에 접속, 안드로이드 운영체제 기기에서는 안드로이드마켓에 접속해서 '팟캐스트' 방송청취 밑다운로드가 가능한 어플리케이션을 선택해서 설치하여 이용한다.

팟캐스트 방송, 정말 사람들이 많이 들을까?

노트북 한 대와 카메라 두 대를 포함하여 몇백만 원 안팎에서 시작한 방송 치고는 웬만한 지상파 방송 토론프로그램과 맞먹는 시청률을 기록했다.

기존 신문의 대항마로 부상한 1인 미디어 블로그에 이어 기존 TV 언론의 대항마로 주목받는 팟캐스트의 미래가 확실시 되는 이유다. 트위터와 페이스북의 인맥들이 든든한 후원자로 지원하는 팟캐스트 방송들이 앞으로도 꾸준히 늘어날 것으로 보이기 때문이다.

따라서 동영상 블로그라고 불리는 팟캐스트의 미래가 밝다. 가장 좋은 점은 아직 많은 사람들이 몰린 시장은 아니라는 점이다. 홍보 하는 데 이용하는 방법, 다운로드가 잘 되게 하는 가장 좋은 방법은 중요하지 않다. 일단, 먼저 시작하고 스마트폰 이용자들 사이에서 서서히 인지도를 높여가는 과정이 중요하다.

국내 지상파 방송국을 떠올려 보자. 지상파 방송국의 내용에 대해 시청자들이 신뢰하는 이유는 매번 정확한 사실을 보도하고 가장 재미있는 방송 프로그램을 만들어서가 아니다. 수십여 년간 시청자 곁에서 이어져 온 역사가 있고, 그만큼 친숙한 브랜드 이미지 덕분이다. 홍보는 1회성, 단발성으로 끝나면 아무런 감흥이 없고 사람들에게 어필되는 효과도 없다. 홍보의 가장 중요한 원칙은 반복이다. 멈추지 않고 꾸준히 홍보를 이어가면 그게 광고이고 상품소개라고 할지라도 사람들은 반응하게 된다. 인터넷쇼핑몰 홍보, 블로그 마케팅을 할 줄 안다면 그 다음엔 팟캐스트를 지금 시작해야 하는 이유다.

PART 05

가치 UP!

인터넷몰 쇼핑몰 상품, 스타 협찬

인터넷쇼핑몰을 만들었다면 홍보가 문제다. 이에 대해 공짜로 홍보하는 방법에 대해 알아봤다면 한 가지 더 연예인을 활용하는 스타마케팅에 대해 소개한다.

드라마나 영화에서 스타가 입고 나온 옷이 다음 날 SHOP에서 큰 인기를 얻어 판매가 되는 일이 비일비재하다. 필자 역시 모 쇼핑몰을 운영할 때 TV 스타가 자주 입고 나오는 의상 스타일을 판매한 적이 있는데 TV 방송 이후 다음 날이면 어김없이 사무실 전화는 불이 났다. 업무가 마비될 정도로 주문전화를 받아대기에 바빴던 기억이 있다.

물론 TV 드라마나 영화에 스타가 입고 나온다고 해서 무조건 인기상품이 되는건 아니다. 스토리가 좋아야 하고 스타가 맡은 배역이 공감을 얻어 인기를 누려야 한다는 조건이 있다. 또한 스타의 이미지 역시 대중들에게, 다시 말하면 내가 운영하는 쇼핑몰 고객층에게 어필할 수 있는 사람이어야 한다.

그럼에도 불구하고 일단 스타가 입어주고 사용해주기만 하면 인지도가 높아지는 스타마케팅은 시대를 불문하고 매우 유용한 홍보마케팅 방법 중에 하나인 것만은 틀림없다. 매출도 높이고 인지도도 높이는 연예인 마케팅, 돈 들이지 않고 무료로 하는 방법을 알아두자.

드라마, 영화 속으로 GO! GO!*

드라마나 영화에 내가 판매하는 제품이 놓이게 되고 사람들에게 홍보하려면 어떻게 해야 할까? 스타마케팅의 이면에 숨겨진 노하우를 공개한다. 일반인들은 잘 모르는 스타마케팅의 허와 실이며, 큰 돈 들이지 않거나 무료로 가능한 연예인 마케팅이다.

드라마나 영화를 보면 출연 배우, 연기자들마다 각기 다른 스타일의 옷을 입고 나온다. 배역에 따라 타고 다니는 차량도 다르며 마시는 음료수, 시청하는 TV, 집의 구조, 집 거실에 놓인 가구 등, 카메라가 이동하는 곳곳에 보이는 상품들이 모두 스타마케팅에 의해 위치를 차지한 제품들이다.

(1) 스타일리스트는 저절로 찾아온다

연예인들에게는 스타일리스트가 있다. 경력 기간에 따라 급여는 다르지만 대개 스타에게 소속되거나 기획사에 소속되어 일한다. 프리랜서 스타일리스트들은 월 급여 200만 원에서 그 이상을 받기도 하고, 기획사에 소속되어 일하는 스타일리스트들은 급여 80만 원 이상에서 100만 원대 정도를 받는다.

스타일리스트는 학원을 통해 배출되기도 하고 의상디자인을 전공한 뒤 기획사에 채용되어 경력을 쌓기도 한다. 유명한 스타와 함께 일한다는 매력도 있고, 자기가 좋아하는 스타일링을 하며 화려하게 보이는 연예계에서 일한다는 이미지 덕분에 스타일리스트를 지망하는 사람들은 해마다 늘어나지만 실제 생활이나 근무 여건은 매우 열악한 편이다.

스타들과 일정을 맞추다 보면 거의 연예인 수준으로 활동하는 데 비해 받는 돈은 책정된 고정급뿐이라는 것도 힘든 요인이 된다. 그뿐 아니라, 협찬을 받아온 의상이나 비싼 소품을 잃어버리거나 오염시켰을 경우 그 피해는 고스란히 스타일리스트가 진다. 물론, 연예인이 사주거나 기획사에서 돈을 물어주는 경우도 없진 않지만 협찬 섭외와 사용, 반품을 책임지는 스타일리스트들이 물어내는 경우가 더 많다.

스타일리스트들은 어떻게 활동할까? 그들의 생활을 소개한다.

1) 동대문시장에 오는 스타일리스트

스타일리스트는 동대문시장에 자주 온다. 각 SHOP을 다니며 자기가 담당하는 연예인 이름을 대고 제품 협찬을 부탁한다. 이때 동대문 의류SHOP 주인도 알만큼 유명한 스타라면 그나마 협찬하기가 쉽지만 잘 모르는 연예인일 경우엔 협찬을 선뜻 해주는 SHOP이 드물다. 심지어 보증금을 걸거나 오염될 경우 등에 구매한다는 각서(?)도 써야 한다. 협찬상품을 착용한 경우엔 해당 방송 이미지를 캡처 해오거나 방송국 로비나 차량 안에서 등 연예인이 실제로 그 옷을 입었다는 사진을 찍어서 SHOP에게 제공해준다.

2) 스타들에게 협찬, 무료로 할까? 유료로 할까?

스타들에게 제공하는 협찬상품은 무료일까? 유료일까? 협찬은 대개 무료로 진행되고 오염이나 훼손 사유 발생 시 스타일리스트 쪽에서 구입하는 걸로 진행을 한다. 단, 유명 스타의 경우엔 입는다는 것 자체가 광고가 되므로 업체 측에서 돈을 주면서 스타에게 착용해 달라고 부탁하는 경우도 있다.

이 경우 업체는 기획사를 통할 경우 비싼 돈을 지불할 것을 염두에 두고 스타일리스트와 작업을 한다. SHOP에 협찬을 받으러 온 스타일리스트에게 누가 입을 것인지 알아보고 자신이 원하는 스타일 경우엔 스타일리스트에게 차비 정도의 용돈을 주며 부탁도 한다. 이런저런 상품도 있으니 적극 활용해

달라는 부탁을 하는 셈이다.

3) 협찬상품에 화장품이 묻었어요!

협찬상품의 오염은 비일비재하다. TV화면에 예쁘게 나오기 위해서라도 메이크업을 두껍게 하는 연예인들은 옷을 착용하거나 탈의할 때 화장품을 묻히는 경우가 많다.

이 경우 해당 제품은 세탁을 해서 반품을 하거나 반품이 불가한데, 세탁 후반품을 받아주는 조건이란 협찬전용상품일 경우다. 연예인들이 협찬을 받으러 올 때마다 새로운 제품을 주는 게 아니라 연예인들이 좋아할 만한 스타일의 상품은 아예 협찬용으로 정해두고 제공한다.

4) 협찬상품은 스타에게 주는 건가요? 돌려받나요?

협찬상품은 스타에게 주는 경우보다 돌려받는 일이 많다. 스타에게 주면 홍보가 되고 제품 인지도도 높아질 것 같지만 실제 스타들은 활동할 때마다 같은 옷은 잘 입지 않는다. 그래서 홍보효과도 일회성일 뿐이고, 스타에게 증정 해주는 옷들은 그 사람의 집에서 장롱에 처박히는 신세가 될 가능성이 더 많다. 심지어 스타 자선경매에 상품으로 나오는 경우도 있다.

그래서 대부분의 업체들은 스타들에게 제공하는 협찬상품의 경우 착용 후반환을 원칙으로 한다. 가게 홍보에도 도움되고 스타일리스트가 찍어온 사진과 옷을 같이 걸어두면 오가는 손님들에게 연예인이 입었던 옷이란 홍보가 된다.

(2) 외주 제작사를 노크하라

연예인에게 협찬을 하려면 어떻게 해야 할까? 인터넷쇼핑몰을 운영하거나 동대문 의류상가에서 SHOP을 운영하다 보면 PPL 전문업체나 스타일리스트들에게 협찬 요청을 받는 일이 많다. PPL[Product Placement] 전문업체들은 일정한 돈을 내면 어느 드라마, 어느 영화에 상품을 소개하겠다는 제안을 하는데, 스타일리스트들은 자신이 맡은 연예인에게 입히겠다는 제안을 하는 것과 비슷하다.

단, 연예인과 일하는 스타일리스트는 개인적인 의상이나 소품에 한정되지만 PPL 전문업체들은 협찬비가 비싸다는 단점이 있긴 하지만 시공 중인 아파트, 빌라, 가구, 가전제품 등 모든 품목에 걸쳐 망라되어 협찬할 수 있어 범위가 매우 넓다는 편리함도 있다.

이를 위해 연예인과 협찬사를 직접 연결해주는 온라인 카페도 등장해서 운영되는데, 필자가 제안하는 가장 좋은 방법은 외주 제작사를 상대로 드라마나 영화 혹은 다른 예능프로그램이나 일반 방송프로그램을 소개받으라는 점이다.

외주 제작사 목록은 사단법인 독립제작사 사이트를 통해 쉽게 구할 수 있다. 이곳에서 독립제작사들이 제작 중인 방송 프로그램을 확인하고 자신에게 맞는 상품을 제작하는 곳으로 연락해서 PPL 등의 업무를 문의한다.

(3) 포털사이트 콘텐츠를 주목하기

독립제작사나 스타일리스트를 만날 기회가 적은 업체, 또는 TV드라마나
영화 중에서 어떤 작품이 인기를 얻는지 잘 모르는 업체가 사용할 수 있는
방법은 포털사이트 특정 게시판을 사용하는 방법이 있다.

드라마나 영화 스타들의 인기도를 판단할 수 있는 인터넷 사이트를 추천한
다. 이곳에선 팬들이니 기획사 측에서 업로드하는 연예계 스타들의 이야기가
하루에도 수십여 개, 수백여 개가 업로드된다. 각 메뉴를 보면서 유난히
조회수가 많은 글이나 업로드된 개수가 많은 드라마나 영화를 검색해서 협찬
대상 프로그램으로 결정하면 그만큼 위험 부담이 줄어든다.

스타 단골집을 노려라!*

연예계 스타들에게 협찬하는 방법은 드라마나 영화를 고르는 것 외에도 오프라인에서 가능한 방법이 있다. 스타들이 자주 간다는 맛집, 멋집에 들러 홍보방법을 짜는 것이다. 다만, 방송에서 소개되는 스타 맛집, 멋집은 광고 차원에서 노출되는 곳들도 많은 만큼 무조건 믿지 말고 자신이 직접 방문해서 현장의 상황을 판단한 후 홍보전략을 짜도록 해야 한다. 스타들이 자주 간다는 맛집, 멋집을 홍보장소로 사용하는 방법에 대해 소개한다.

(1) 청담동, 압구정동, 신사동에 스타들 단골집이 있다

압구정동, 신사동, 가로수길, 홍대, 청담동에는 유난히 스타들의 맛집이 많다. 그 이유는 연예계 종사자들이 일하는 주된 근거지가 바로 이곳이기 때문인데 웬만한 식당이나 SHOP에 가보면 한두 명의 연예인들 이름이 꼭 보인다.

스타들이 자주 들른다는 소문난 맛집을 가면 우선 다녀간 연예인들의 사인을 찾는다. 다녀간 사람이 몇 명이며, 어떤 스타들이 왔었는지 살펴보도록 하자. 무조건 스타들이 온다고 해서 소문난 맛집이 아니라 스타들이 일 보면서 다녀간 식당일 수도 있기 때문이다.

(2) 스타 단골집과 제휴, 사인 옆에 걸어두기

식당 벽을 보면 스타들이 남기고 간 사인이 있다. 개수는 몇 개인지, 스포츠 스타인지 아니면 배우인지 가수인지, 개그맨인지 살펴본다. 유명한 사람이므로 무조건 사람들이 자주 찾는 곳으로 생각하면 금물이다.

사인을 발견했으면 자신이 다루는 상품에 어울리는 스타가 있는지 찾는다. 그리고 스타 이름을 발견하면 준비해 간 홍보물을 들고 식당 주인을 찾아서 말하자. 이 홍보물을 저기 사인 사이에 걸어달라고 말한다. 아니면 사인이 걸린 곳 아래 벽에 붙여만 달라고도 부탁하자. 물론 걸어주는 데 대한 비용은 드리겠다고 말하면 거절할 식당 주인은 별로 없다.

이 방법의 효과는 의외로 간단하다. 식당을 찾은 사람들의 시선이 머무는 곳을 홍보지역으로 공략하는 방법인데 식당에 앉아 주문한 음식을 기다리는 사람들이라면 대부분 스타들의 사인이 걸린 곳을 구경하면서 시간을 보낸다. 이때, 당신이 운영하는 쇼핑몰 주소나 상품에 대한 홍보물이 예쁜 디자인 소품으로 걸려있는 걸 보게 된다.

물론 식당에서 바로 소비가 이뤄지진 않는다. 단, 그들이 TV를 보거나 영화를 볼 때 식당에서 봤던 사인의 주인공이 출연한 장면을 보게 되면 그 옆에 걸렸던 당신의 쇼핑몰 주소와 상품을 기억하게 된다.

유명한 스타와 당신의 쇼핑몰, 당신이 판매하는 상품이 동급으로 인정받는 순간이다.

(3) 인터넷에선 스타도 검색한다

인터넷에 올라오는 연예인 관련 기사는 무수히 많다. 대부분의 기사를 보면 댓글이 달려 있는데 팬들이 달아둔 글도 보이고 안티팬이라고 해서 그 스타에 대해 좋지 않은 감정을 갖는 사람들이 올려둔 글도 많다. 바로 이곳, 댓글이 달리는 공간을 홍보장소로 이용하는 방법이다.

1) 스타 팬카페 가입하고 선물 증정하기

인터넷에서 스타 이름을 검색하면 스타 팬들이 만들어둔 인터넷카페들이 표시된다. 한 명의 스타일지라도 여러 곳에 팬카페가 존재하는데 이 경우 카페 이름을 유심히 보면 **[공식]**이라는 타이틀이 붙어있거나 '○○님 가입'이라는 스타 이름을 대고 스타가 직접 가입했다는 공지를 붙인 카페들이 있다. 이곳에 가입한다.

스타는 한 명인데, 왜 인터넷 카페는 많을까? 스타 팬카페는 팬들이 자발적으로 만든 경우도 있지만 기획사에서 의도적으로 먼저 만들어둔 곳도 많다. 또는 인터넷마케팅을 하는 사람들이 카페 회원 수를 확보하려는 목적으로 임의로 만들어둔 카페도 많기 때문이다.

스타가 가입한 카페를 찾는 데 성공했다면 열심히 카페활동을 하고 스타와 팬미팅, 생일파티 등에도 참석해서 선물을 증정하도록 한다. 당신이 운영하는 쇼핑몰 주소를 새긴 선물도 좋고, 정성스런 선물을 주되 당신이 누구라는 점, 가령 ○○쇼핑몰을 운영하는 ○○○라고 소개글을 덧붙이도록 한다.

스타들은 선물을 기억하기 마련인데, 다른 스타들과 만나는 자리에서 당신이 선물한 물건을 들고 있다가도 당신의 존재를 기억할 것이며, 스타일리스트에게 '내 팬 중에 쇼핑몰 하는 분 계시던데 그곳에서 협찬받아 봐.'라고 해준다.

2) 스타 관련 기사 댓글로 선플 달기

인터넷에 떠도는 수많은 연예인 기사는 누가 볼까? 당신만 볼까? 아니다. 인터넷 이용자들 대부분 다 본다. 그럼, 스타는 안 볼까? 정답은 '본다'가 맞다. 특히 기획사를 두고 활동하는 스타들의 경우 사무실에는 홍보전담 매니저가 있다. 이 직원이 하는 일은 인터넷과 신문, 방송 등지에서 소속 연예인에 대한 기사를 검사하고 이미지에 좋지 않은 기사가 나올 경우 삭제를 요청하거나 반박 기사를 내는 업무를 한다.

그리고 기사를 보는 사람은 연예인 스타도 직접 본다. 의외라고 생각할 수도 있지만 연예인들은 인터넷에서 자기 이름을 검색하고 어떤 기사가 났는 지, 팬들의 반응은 어떤지 일일이 본다. 심지어 댓글 하나하나도 일일이 열어보고, 화제가 되는 기사는 시간 차를 두고 반복해서 열어보는 스타들도 많다.

이 경우 작은 댓글 하나가 스타의 마음에 상처를 남기기도 한다. 인터넷에 작은 글 하나가 그 사람의 가슴엔 씻지 못할 영원히 기억되는 상처가 되기도 한다는 뜻이다. 특히 안 좋은 기사가 인터넷에 실린 스타들은 사람들이 아무 생각 없이 올려대는 댓글로 인해 심각한 마음의 상처를 입기도 한다.

따라서 스타의 일에 대한 스타에 대한 좋은 댓글을 남기는 게 매우 유용하다. 이 말은 상업적인 목적으로 홍보를 위해 남기라는 뜻은 아니다. 스타가 별다른 사람이 아니라 그도 역시 내 고객이 될 수 있으므로 미래의 고객을 대하듯 진심어린 글을 남겨주는 것이다.

인터넷에 올리는 댓글 하나를 뭐 스타가 보겠어? 라고 생각하겠지만 스타가 본다는 게 핵심이다. 연예인들은 이미지가 생명이고 아무리 바빠도 인터넷에서 자신에 대해 어떤 평가들이 나오는지 유심히 관찰하고 세심하게 들여다본다.

이와 유사한 방법으로는, 스타들의 방문 해서 DM 신청을 하거나 방명록에

인사말을 남겨주는 방법이 있다. 지속적인 관심은 일회성 칭찬보다 더 큰 효과를 발휘한다.

3) 스타 소속사 홈페이지는 피해야 하는 이유

스타와 친해지는 방법으로 인터넷 기사에 좋은 댓글 달기와 정기적인 인사말 남기기, 그리고 팬클럽에 가입해서 모임에 참석 하기 등을 예로 들었는데, 한 가지 피해야 할 점은 기획사 홈페이지를 통해 스타에게 메시지를 남겨두는 방식이다. 필자도 직접 시도해본 결과 기획사 홈페이지를 통해 스타들과 연결하기란 거의 불가능하며, 그 이유는 담당 매니저들이 1차 검토를 하고 꼭 필요한 내용이 아니라면 스타들에게 전달해주질 않는다.

가령, 연예인과 기획사는 모종의 계약 관계로 이뤄지는 사업관계인데 영리 추구를 위한 기획사 입장에서 팬 개인의 소소한 인사말까지 스타에게 직접 연결해주는 일은 거의 불가능하다는 뜻이다.

덧붙여 일반인들이 착각하기 쉬운 요소 중에 하나가 기획사와 연예인이 서로 친해서 직장인이 회사로 출근하듯 연예인들도 기획사로 매일 아침 출근한다고 생각하는 경우가 있다. 하지만 아니다. 기획사는 기획사대로 연예인은 연예인대로 활동하다가 기획사에서 사업 건이 있거나 미팅을 해야 할 때만 연예인과 만나게 되는데, 만나는 장소도 기획사이기보다는 다른 곳일 경우가 더 많다. 기획사란 결국 연예인을 매개체로 수익성 매니지먼트 사업을 위한 미팅 장소일 뿐인 셈이다.

스타와 연예인이란 활동영역이 특수하다. 다른 사람들과 다르게 TV 안에서 스크린 안에서 활동하며, 사람들과 모인 자리에서는 무대 위에서 활동하기 때문에 보통 사람들이 다가가기 어렵다는 신비감이 부각되는 이미지가 있다. 자기 집 안방에서 TV를 통해 드라마를 보며 만나던 연예인을 자기 눈앞에서 보게 되면 신기하게 여기는 이유가 바로 그 점 때문이다.

그래서 사람들은 스타에 열광하고 연예인을 만나는 걸 신기하게 여기며 남과 다른 체험을 했다고 여긴다. 이런 사실을 아는 연예인들은 가능하다면 사람들과 잘 어울리려고 하지 않으며 그들의 신비감을 키우려고 노력하는 이유도 있다. 연예인에게 인사를 하고 먼저 다가가서 손을 건네고 악수를 청한적이 있다면 이해할 것이다. 그들이 쌀쌀맞게 대했다든가 인사를 받는 둥 마는둥 형식적으로 행동하며 얼른 자리를 피했다는 기억 등이 있을 것이다. 이런 이유는 사실 알고 보면 연예인이라는 특수한 직업군에 있는 사람들에게 생기는 현상이다.

연예인들은 연예계 관계자들 사이에선 입장이 바뀐다. 드라마제작자, 영화감독, 광고감독, 광고주, 드라마작가 등, 연예인들을 채용하고 콘텐츠를 만드는 사람들 앞에선 연예인들의 태도가 달라진다. 일반 대중이 아니라 연예계 콘텐츠 생산자들 앞에선 스타와 연예인이라도 선택을 받아야 하는 입장이기 때문이다. 물론, 스타의 인지도와 인기에 따라서 제작자와 스타의 입장이 다시 바뀌기도 하지만 말이다.

결론적으로 말하면 쇼핑몰 운영자, 블로그마케팅 담당자들도 얼마든지 연예인과 일할 수 있고 그들과 협력할 수 있는 부분이 많다는 뜻이다. 작은 쇼핑몰을 운영하니까 연예인들은 만나기 어렵다고 생각할 필요는 없다. 협찬을 하거나 심지어 쇼핑몰 홍보이사로 참여하라고 제안해도 그들 중 일부는 기꺼이 대답을 해올 것이다. 스타일리스트를 통해 연예인과 친하게 되는 방법도 많다. 협찬의상을 쇼핑몰 사무실에서 피팅하고 가져가라는 얘기도 가능하다.

SNS 블로그로 돈 안 쓰는 홍보는 물론 인터넷쇼핑몰 무료 창업까지!

쇼핑몰 운영자들은 쇼핑몰 창업 이후 가장 큰 문제점으로 '홍보'를 꼽는 데주저하지 않는다. 블로그와 트위터, 페이스북을 이용하라는 말을 들은 적은 있는데 남들 하는 것처럼 정확한 포인트 전략을 이용하지 못하는 탓에 애꿎은 시간만 허비하다 지치고, 결국 포털사이트에 광고로 돌아서서 비싼 광고 료만 날리다가 포기하는 경우가 속출한다.

창업자가 쇼핑몰을 시작했다가 그만두는 데에는 여러 가지 원인이 있겠지만 광고비가 없어서 온전한 경쟁 한번 못해보고 문을 닫는다면 자괴감마저 들게 된다.

하지만 아무리 비싼 광고료를 들이더라도 제대로 된 효과를 보지 못하는 사람들이 대다수다. 또는 경쟁업체들의 무분별한 클릭으로 비싼 광고료만 물다가 사업다운 사업은 해보지도 못하고 손을 드는 일도 비일비재한 게 현실이다.

따라서, 가장 먼저 본 도서는 인터넷쇼핑몰 운영자들을 위한 무료 홍보전략을 자세히 다루는 데 집중했다. 앞서 2009년에 출간된 필자의 블로그마케팅 베스트셀러인 [돈 버는 블로그]에 이은 2012년판 '무료 인터넷쇼핑몰 만들기부터 돈 버는 블로그마케팅까지'라는 부제가 달린 [초보자도 공짜 블로그

마케팅]도 변화에 발맞춰 독자들의 궁금증을 속시원히 해결하고자 노력했다.

이제는 스마트TV가 등장했다는 점이 달라진 상황이다. 사람들은 컴퓨터 앞에서 벗어나 손안에 컴퓨터를 들고 지하철로 버스로 거리 곳곳에서도 인터넷을 하고 쇼핑을 즐긴다.

사람들은 거리로 나섰는데 인터넷쇼핑몰 운영자는 아직도 컴퓨터 앞에만 앉아 있다면 그건 잘못된 전략이다. 장사는 손님이 있는 곳에서 좌판을 벌여야 한다. 그래야 돈이 되고 장사가 된다. 이 방법은 고기를 잘 잡는 어부는 고기가 다니는 길목에 그물을 치는 것과 같다. 물 위에서 물 아래 고기의 이동을 꿰뚫어보는 눈을 지닌 것이다. 본 도서는 온라인 세상의 홍보전략의 흐름을 꿰뚫어보는 시각으로 내용을 구성했다.

그 다음으로,
본 도서는 인터넷쇼핑몰을 쉽게 만들고 운영하는 방법도 다루면서 초보자를 위한 창업 시작에 중점을 두었다. 물론 컴퓨터를 어느 정도 알고, SNS를 사용하는 초급 이상의 독자들을 위해서도 필요한 내용들을 담도록 했으며, 결과적으로 인터넷쇼핑몰을 다루는 책 한 권과 SNS 블로그마케팅을 다루는 책 한 권을 더한 두 권의 효과를 내게 되었다.

이 책 한 권이면 두 권의 효과가 있다!

혹시, 컴퓨터에 서툴거나 인터넷쇼핑몰을 만드는 데 시간이 부족한 독자를 위해 인터넷쇼핑몰의 기초를 충실히 다루면서도 약 30분 만에 쇼핑몰을 만들 수 있는 코스를 두었다. 먼저 따라하면 어느새 쇼핑몰 하나가 뚝딱 나올 것이며 온라인에서 장사를 시작해도 될 것이 다. 추가적으로 필요한 온라인 쇼핑몰 운영방법 등에 대한 가이드는 본 도서 에서도 빼놓지 않고 다루었으므로 인터넷쇼핑몰을 창업하는 모든 이들에게 도움되리라 확신한다.

세 번째로,

본 도서는 SNS와 블로그마케팅에 대해 다루면서 새로 뜨는 SNS인 핀터레스트를 이용하는 방법과 2012년 전후부터 큰 인기를 끄는 팟캐스트에 대해 소개했다. 팟캐스트를 만들고 이용하는 방법을 통해 스마트TV 시대에 온라인 홍보의 또 다른 방식을 대안으로 제시했다.

네 번째로,

온라인 홍보에서 중요한 전략을 소개하면서 도서에 소개된 모든 방법은 [무료]를 원칙으로 누구나 쉽게 사용할 수 있는 방법만 골랐다. 온라인 홍보는 무료이면서 트위터 계정을 이용하는 이야기까지 다뤘다. 본 도서가 그래서 돈을 버는 SNS 블로그인 동시에 돈이 되는 책이라고 나름의 자부심을 갖는 이유다.

불경기라고 창업하려는 결심이 위축되는가? 취업이 안 된다고 어깨가 움츠러드는가?

괜한 걱정하지 말자. 경기가 어려워도 사람들은 돈을 쓰며, 소비는 끊임없이 일어난다. 문제는 어디에서 어떻게 장사해야 하는가와 사람들이 모이는 곳에 가서 어떤 주제를 들고 어떻게 홍보해야 하는가를 알아야 한다.

SNS 바람이 거세다. 신문이나 잡지 같은 전통적인 텍스트 미디어의 뒤를 이은 온라인 1인 미디어 블로그의 등장에 이어, 오디오와 비디오 영상 미디어의 뒤를 잇는 스마트폰 기반 1인 멀티미디어의 성장속도가 무섭게 빠르다. 물론, 블로그는 사라지지 않고 명맥을 이어갈 것이지만 일반적으로 생각하는 1인 미디어 블로그 대신 사람들은 실시간 뉴스 SNS기반 미니 블로그에 심취하기 시작했다. 빠른 정보와 빠른 검색, 필요한 정보만 골라서 얻는 스피드를 강조하면서 말이다.

스마트폰으로 지하철을 타고, 스마트폰 안에서 돈을 송금하고 받으며, 스마트폰 안에서 일기를 쓰고, 정보를 찾고 지도를 보는 세상이다. 눈 깜빡이는 0.3초에 싫증을 느끼는 사람들과 함께 온라인 마케팅으로 살아남으려는 인터넷쇼핑몰 운영자라면 본 도서에 주목할 수밖에 없을 것이다.

돈 되는 SNS 블로그마케팅이 필요하고, 여기에 더불어 온라인 홍보가 가장 필요한 분야로서 인터넷쇼핑몰을 약 30분 만에 손쉽게 만드는 방법에 대해 소개한 이 책이야말로 소규모 창업자, 대학생 예비창업자 또는 마케팅을 공부하는 세상의 마케터들에게도 성공을 부르는 최선의 전략마케팅 가이드가 될 것이다.

이 책은 2012년에 기출간된 도서의 2023년 개정판이라고 말할 수 있다. 이 책이 왕초보를 위한 인터넷쇼핑몰 창업을 돕는 도서로서 도움이 될 수 있기를 바라는 마음이다.